L'homme à l'épreuve des innovations (bio)technologiques

Enjeux philosophiques et éthiques

Collection « Ouverture philosophique »
Série « Débats »
dirigée par
Jean-Marc Lachaud et Bruno Péquignot

Une collection d'ouvrages qui se propose d'accueillir des travaux originaux sans exclusive d'écoles ou de thématiques.

Il s'agit de favoriser la confrontation de recherches et des réflexions, qu'elles soient le fait de philosophes « professionnels » ou non. On n'y confondra donc pas la philosophie avec une discipline académique ; elle est réputée être le fait de tous ceux qu'habite la passion de penser, qu'ils soient professeurs de philosophie, spécialistes des sciences humaines, sociales ou naturelles, ou… polisseurs de verres de lunettes astronomiques.

La série « Débats » réunit des ouvrages dont le questionnement et les thématiques participent des discussions actuelles au sujet de problèmes éthiques, politiques ou épistémologiques.

Déjà parus

Robert TIRVAUDEY, *Transhumanisme et humanisme*, 2021.
Jalila HADJI, *Des possibilités de contre-conduites conjuguées au présent*, 2021.
Jalila HADJI, *Penser les contre-conduites avec Michel Foucault*, 2021.
Alain PANERO, *Figures de l'esprit. Du* pneuma *au champ transcendantal,* 2021.
Jean-Pierre JAMEUX, *L'Être en question. Dévoilement du fait pur ontologique*, 2021.
Jean-Philippe DIND, *Relation, distinction, devenir. Essai sur les trois forces premières de l'existence*, 2021.
Alexandre BAUMANN, *Le côté obscur de la raison. L'Antéconcept,* 2021.
Gérard PELE, *Critique de la raison impure. Platon et Artaud,* 2021.
Christian CAVAILLE, *Façons du vivre et façons du réel en question*, 2021.
Yvon CORAIN, *La logique de l'antagonisme de Lupasco. Révision et conséquences en sciences humaines*, 2021.

Sous la direction de
Anatole FOGOU
et Williams Fulbert YOGNO TABEKO

L'homme à l'épreuve des innovations (bio)technologiques

Enjeux philosophiques et éthiques

Préface d'Émile Kenmogne

L'Harmattan

Des mêmes auteurs

Williams Fulbert Yogno Tabeko et Anatole Fogou (dir.), *De l'humain au transhumain ? Réflexions sur le transhumanisme,* L'Harmattan, Paris, 2020.

Cet ouvrage a bénéficié de l'appui financier de l'Université de Maroua

5-7, rue de l'École-Polytechnique, 75005 Paris

http://www.editions-harmattan.fr

ISBN : 978-2-343-23989-7
EAN : 9782343239897

Remerciements

Ce livre n'aurait pas vu le jour sans la franche collaboration des experts et autres lecteurs qui ont bien voulu nous aider dans la correction et l'arrangement des textes contributifs. Nous remercions particulièrement le Recteur de l'université de Maroua de l'intérêt accordé à la publication de cet ouvrage. L'appui financier de l'université nous a été d'un grand apport.

Nous exprimons également notre reconnaissance à tous nos collègues et amis qui ont contribué de bien des manières à l'aboutissement de ce projet.

Comité scientifique

Sommaire

Préface

L'immatériel humain comme patrimoine résilient

Émile KENMOGNE

Professeur

« L'homme à l'épreuve des innovations biotechnologiques » ! Le sujet de ce livre fait d'emblée courir l'esprit, pour peu qu'il soit averti, vers un arrangement différent, en sens inverse, tout aussi porteur de signification et également excitant pour la pensée : « Les innovations biotechnologiques à l'épreuve de l'homme ». Ces deux formulations croisées balisent la surface, l'extension, les orientations et la profondeur du débat en jeu dans le présent ouvrage. Le volume se compose de sept chapitres qui sont des contributions rassemblées par deux collègues de l'université camerounaise, en sa composante de Maroua : le Docteur Williams Fulbert Yogno Tabeko[1] et le Professeur Anatole Fogou[2]. L'extension en question est

---

[1] Docteur de l'université de Yaoundé I, il enseigne la philosophie au Département de Philosophie et Psychologie à la Faculté des Arts, Lettres et Sciences humaines de l'université de Maroua. Il propose une réflexion sur « La philosophie de la vie comme prolégomènes à l'éthique de la responsabilité chez Hans Jonas ».

[2] Titulaire d'une Habilitation à diriger des Recherches (Hdr) de l'université de Lille 3, il enseigne la Philosophie moderne et la Philosophie morale et politique au Département de Philosophie de l'ENS da Maroua. Sa contribution porte sur « L'idée d'une universalité

celle d'un foyer d'émerveillements, mais aussi d'inquiétudes et de réflexions toujours plus pénétrantes concernant des théories et des pratiques où se déploient des tendances, des évolutions, des accélérations au nom de… et grâce à… l'innovation dans la connaissance et la maîtrise (action) des données biologiques et biogénétiques, mais aussi et en même temps, une résistance et une résilience au nom de… et grâce à… une certaine idée de la Nature, de la Norme, de l'Homme et de l'Humain ; c'est-à-dire au nom de… et grâce à… l'éthique, la bioéthique, la philosophie.

Il convient de saluer au passage les acteurs dont la bonne formation académique et l'activité heuristique donnent forme au présent opus. En équipe avec des directeurs scientifiques qui ne se sont pas contentés de coordonner l'ouvrage, mais qui en ont produit d'importants chapitres, ces universitaires et contributeurs d'au moins quatre nationalités portent des noms qu'il faut commencer à savoir écrire : Deuga Tcheugoue Wiliam[3], enseignant-chercheur au Département de Philosophie et Psychologie à la Faculté des Arts, Lettres et Sciences humaines de l'université de Maroua ; Gankama Laurent[4], enseignant-chercheur au Parcours-Type Philosophie et responsable du Parcours-Type Licence Philosophie à la Faculté des Lettres, Arts et Sciences humaines de l'université *Marien Ngouabi* de Brazzaville ; Kanon Gbomene Hilaire[5], enseignant-chercheur à l'université *Alassane Ouattara* de Bouaké ;

---

des valeurs (bio)éthiques : à propos du concept « d'effondrement du consensus » de Hugo Tristram Engelhardt ».

[3] Son chapitre porte sur « L'humain face au défi cybernétique ».

[4] Il signe le chapitre consacré à la question « De la technicisation de l'homme : peut-on encore croire en la nature humaine ? »

[5] Il est l'auteur de « Artificialisation du vivant : quelle frontière entre le naturel et l'artificiel ? »

Nankeu Bernard Bienvenu[6], enseignant au Département de Langue et Littérature françaises de la Faculté des Arts, Lettres et Sciences humaines de l'université de Maroua ; Tonyeme Bilakani[7], enseignant-chercheur à l'université de Lomé, Docteur en Philosophie de la même université et Docteur en Sciences de l'Éducation de l'université de Rouen.

Les sept chapitres qui rassemblent ces auteurs africains invitent le lecteur à se situer d'emblée dans la mouvance et l'esprit actuels des *recherches en sciences humaines*, dans le pluralisme, la transdisciplinarité. Ils montrent clairement qu'il n'en est plus rien de grands paradigmes explicatifs par lesquels on a prétendu, autrefois, expliciter toute la complexité du réel, car le structuralisme, le fonctionnalisme, le marxisme, etc., sont bien derrière nous. Les sciences humaines peuvent toujours se référer à ces cadres théoriques, mais aucun penseur averti ne les érige plus en dogmes incontestables. Les sciences humaines ont ainsi connu leur révolution et participent à cet égard, de la dynamique réflexive qui caractérise notre modernité ; dynamique que ces sciences contribuent à renforcer en inventant de nouvelles herméneutiques de nous-mêmes toujours plus suggestives. En effet, dans un monde en pleine transformation, continuellement travaillé par la logique de l'individualité, elles tiennent compte du fait que c'est l'individu qu'il faut considérer, en sachant qu'il est produit et producteur des contextes sociaux et historiques instables qui le limitent et le contraignent en même temps, mais qu'il s'agit de comprendre pour avoir l'intelligibilité du sens, de l'action et du geste humains.

---

[6] Auteur de « Clonage et conservation de la nature humaine : une impossibilité pour Michel Houellebecq ».

[7] Signataire du chapitre sur « Les biotechnologies et la question du fondement des droits humains ».

À lire les sept textes comme s'ils coulaient de la même plume et d'une seule inspiration, sous la fiction de l'ignorance de leurs frontières, on touche à des mots par lesquels nos auteurs se donnent la main, des mots transversaux ou *transtextuels* : vie, technique, humain, dignité, conservation, identité, préservation, maîtrise, éthique, sens, etc. Ils me renvoient à la problématique du patrimoine humain, celui qui peut être protégé, préservé, conservé et légué, en dépit des exploits, des avatars et des tares de notre *anthropobiotechnologie* contemporaine.

Je ne puis donc mieux indiquer l'intérêt de la présente parution, en cette préface qui m'a été si gentiment demandée, qu'en esquissant un prolongement ou une mise en perspective de la problématique *transtextuelle* qui transpire de ce livre ; celle qui s'inscrit dans une réalité plus profonde qui ne concerne pas seulement l'individualité de chaque contribution et qui tranchera la question de la portée transcontinentale de ce livre pour ce qui est de sa pertinence et de son opportunité par rapport aux questionnements de l'homme de notre temps. De quoi est-il donc exactement question pour être ici justifié, prolongé et mis en perspective, en guise de préface ? C'est bien d'une éventuelle réponse à la question de savoir si effectivement ce qu'il y a de fondamentalement, d'irréductiblement humain en l'homme se trouve en péril et est exposé à une certaine menace en situation d'évolution ou d'expansion des innovations biotechnologiques.

La quête d'une réponse raisonnée à cette question passe par une démarche qui articule trois mouvements tels que : 1/ des considérations méthodologiques préliminaires sur l'état des lieux de la question ; 2/ la critique philosophique des idées de nature humaine et d'identité ; 3/ l'irrésolution du matériel comme référentiel absolu du patrimoine humain fondamental. Elle s'achève par une remarque conclusive sur le concept d'immatériel humain comme patrimoine résilient.

Considérations méthodologiques préliminaires sur l'état des lieux de la question

L'observation part des instruments de régulation conçus, pour des raisons louables, par l'Unesco (Organisation des Nations Unies pour l'Éducation, la Science et la Culture). En effet, face à l'évolution fulgurante de la science, de la science du vivant et particulièrement de la biologie moléculaire, cette institution spécialisée de l'ONU a ressenti la nécessité de renforcer en son sein une vocation qui n'est pas *a priori* perceptible sous les accents mis sur l'éducation, la science et la culture. Cette vocation veut la constituer comme la conscience morale et éthique de l'humanité. C'est à cet égard qu'elle produit régulièrement des déclarations ou conventions régulatrices et normatives dont deux vont particulièrement peser sur ma réflexion. Il s'agit de la « Déclaration universelle sur le génome humain et les droits de l'homme », du 11 novembre 1997 et de la « Déclaration universelle sur la bioéthique et les droits de l'homme », du 19 octobre 2005.

La deuxième considération est également inspirée d'une distinction aussi brillante que pertinente faite par l'Unesco, en matière de patrimoine de l'humanité : c'est la distinction entre le *matériel* et l'*immatériel*[8]. Signalons que dans sa

---

[8] Selon la Convention pour la sauvegarde du patrimoine culturel immatériel adoptée le 17 octobre 2003, article 2, : « On entend par "patrimoine culturel immatériel" les pratiques, représentations, expressions, connaissances et savoir-faire - ainsi que les instruments, objets, artefacts et espaces culturels qui leur sont associés - que les communautés, les groupes et, le cas échéant, les individus reconnaissent comme faisant partie de leur patrimoine culturel. Ce patrimoine culturel immatériel, transmis de génération en génération, est recréé en permanence par les communautés et groupes en fonction de leur milieu, de leur interaction avec la nature et de leur histoire, et leur procure un

déclaration de 1997, l'Unesco mentionne, dès son article premier que « le génome humain (…) dans un sens symbolique (…) est le patrimoine de l'humanité »[9].

Cette mention ambiguë et énigmatique fait l'objet de la troisième et dernière considération qui veut porter l'attention sur ce que les sciences actuelles du vivant, la biologie moléculaire et la bio-ingénierie, favorisées par la formidable révolution informatique, ont fait et font couramment de ce génome humain, au point d'ouvrir la voie du sens que d'autres disent être un non-sens, une impasse, aux concepts de posthumain ou de transhumanisme, du moment où ils laissent entendre la possibilité d'un *après homme*, d'un dépassement du « *dernier homme* » (Francis Fukuyama), vers le « *surhomme* » dont rêvait déjà, au XIXe siècle, un certain Friedrich Nietzsche.

Ces recherches en biologie moléculaire fécondée par l'informatique ne s'embarrassent surtout pas de questions morales comme celles de savoir ce qu'elles doivent faire ou ne pas faire, ou encore de savoir jusqu'où elles ne doivent pas aller ; elles se posent des questions essentiellement techniques, au sens surdéterminé donné par Martin Heidegger à ce mot, leur préoccupation privilégiée étant de

---

sentiment d'identité et de continuité, contribuant ainsi à promouvoir le respect de la diversité culturelle et la créativité humaine. Aux fins de la présente Convention, seul sera pris en considération le patrimoine culturel immatériel conforme aux instruments internationaux existants relatifs aux droits de l'homme, ainsi qu'à l'exigence du respect mutuel entre communautés, groupes et individus, et d'un développement durable ».

[9] Déclaration universelle sur le génome humain et les droits de l'homme, du 11 novembre 1997. A-La dignité humaine et le génome humain. *Article premier* : « Le génome humain sous-tend l'unité fondamentale de tous les membres de la famille humaine, ainsi que la reconnaissance de leur dignité intrinsèque et de leur diversité. Dans un sens symbolique, il est le patrimoine de l'humanité ».

savoir ce qui est possible d'être fait pour que l'homme soit de plus en plus fort, illimité, dur, durable, voire immortel.

La question à tiroirs qui se pose à partir de ces considérations ou de ces données préliminaires peut alors se formuler. Si l'on admet que « le génome humain (...) dans un sens symbolique (...) est le patrimoine de l'humanité »[10] qui mérite, comme tous les autres patrimoines, préservation et conservation, on se demande dans quelle catégorie il faut le classer : est-il de l'ordre du matériel ou de l'immatériel ? Sans même agiter la question de la propriété qui trouverait une réponse théorique dans l'abstraction de l'humanité, c'est singulièrement la question de la nature, assortie de celle du *modus operandi* comme pratique de la préservation de ce patrimoine *sui generis,* qui est au centre de ma réflexion.

J'émets l'hypothèse qu'en le sachant ou non, l'Unesco aurait fondé ce patrimoine des patrimoines sur le matériel, le biologique et le génétique parce qu'il serait observable et objectivable en laboratoires de séquençage, d'analyses de génomes et d'ADN humains, en vue de la conservation et de la préservation de ces formules. Or justement, plus la science actuelle observe, séquence et manipule ces formules génétiques, plus elle entrevoit les possibilités de les modifier pour des raisons controversées qui sont *médicales* (la réparation de l'homme, exemple de la thérapie génie), *stratégiques et économiques* (l'augmentation des performances de l'homme), *idéologiques* (la transformation de l'homme vers un *plus qu'homme*). La Technique[11] (Folscheid, 2019) comme possibilité de réponse à tout

---

[10] *Idem*.

[11] Dominique Folscheid, *Made in labo. De la procréation artificielle au transhumanisme*, Paris, Les éditions du Cerf, 2019, pp. 48-49.

apparaît dès lors comme une dynamique autosuffisante qui fonctionnerait en roue libre.

Il en découle que le matériel biologique ou génétique instable et sans réelle identité assignable ni *a priori* ni *a posteriori*[12], ne peut constituer le référentiel normatif idéal du patrimoine humain fondamental qui me préoccupe. Il se trouverait dans l'idée d'immatériel humain à condition qu'on ne verse pas dans les théories des instances de la personne ou dans le romantisme qui exalterait l'âme ou l'esprit, en opposition avec le corps physique, etc. Ce serait l'humanité transnationale, post-nationale, post-identitaire, saisie dans la catégorie de l'homme comme élément de la "société ouverte" (Bergson, 1932), fondement du cosmopolitisme multiséculaire et des droits universels de l'homme. Ce serait, en un mot, un concept philosophique, juridique et éthique, régulateur et par définition, immatériel. Pour mieux le cerner, la discussion de certaines idées communes serait incontournable.

La critique philosophique des idées de nature humaine et d'identité

Le structuralisme et l'existentialisme, deux philosophies du XXe siècle, ont remis en question l'idée d'une nature *a priori*. La nature humaine serait à construire avec l'expérience existentielle ; elle ne serait pas donnée en dehors de ce que la biologie établit de l'Homme. L'Homme devrait donc être distingué de l'humain. L'essence humaine est un produit des structures, des systèmes et du vécu existentiel. C'est ce que veulent dire des formules telles

---

[12] C'est encore l'Unesco qui porte l'attention sur cette instabilité dans l'article 3 de sa déclaration sur le génome humain : « Le génome humain, par nature évolutif, est sujet à des mutations. Il renferme des potentialités qui s'expriment différemment selon l'environnement naturel et social de chaque individu, en ce qui concerne notamment l'état de santé, les conditions de vie, la nutrition et l'éducation ».

que : *l'existence précède l'essence* ou encore : *l'essentiel n'est pas de savoir ce que les structures ont fait de l'homme, mais c'est de savoir ce que l'homme fait de ce que les structures font de lui*, formules qui se retrouvent dans l'œuvre du philosophe existentialiste, Jean-Paul Sartre.

Faut-il rappeler que si l'homme appartient naturellement à une espèce vivante de l'ordre animal (à côté de l'ordre végétal et minéral), l'humain a toujours été une construction philosophique, morale et éthique, dont le contenu a évolué avec l'histoire du monde, les progrès sociaux, scientifiques et moraux ?

Cette critique s'étend également au mot *identité*. Mon « identité culturelle », puisqu'il faut employer le terme, n'est pas du même ressort que ma nature biologique et ma race, données une fois pour toutes. La race n'est pas la culture ; c'est la nature. La culture, essentiellement changeante est ce qui s'ajoute à la nature et tente de la modeler. La nature seule serait identique à elle-même : « Chassez le naturel, il revient au galop ! » Justement parce que le naturel ne se laisse pas chasser, il est toujours là, ironise en son temps Henri Bergson. Reste à savoir si nous autres du XXIe siècle devons continuer à penser que le naturel, une fois chassé, revient vraiment.

Il y a pourtant un *moi* permanent qui me ramène à moi sous le mode identitaire et qui ne se définit pas sans la culture ; c'est le *moi* culturel, la conscience culturelle.

En quoi consiste-t-elle réellement ?

Selon la réponse fournie par Yves Michaud dans son texte « Identité et politique. Réflexion sur les projections humaines » dans *L'individuel et le collectif*, « On connaît en effet de multiples réponses aux questions sur l'identité…On peut par exemple raisonner en termes classiques de substance et parler alors de l'esprit ou de l'âme d'un peuple, du soi ou du sujet ou du moi de l'individu. Beaucoup de discours sur ce que c'est qu'être Français et Républicain donnent une nouvelle jeunesse à ce discours substantialiste bien connu. On peut parler aussi en termes de construction de la mémoire (le passé d'un peuple, les traditions d'un groupe, l'histoire d'une nation, les lieux de mémoire, la mémoire d'une personne) ; ou bien encore en termes de caractères physiques (l'identité d'une ethnie, les traits caractéristiques d'une race, les propriétés du corps physique d'un individu) »[13].

Il poursuit et conclut : « Chacune de ces réponses a eu, à un moment ou à un autre, une certaine pertinence. Elles relèvent cependant toutes des exercices traditionnels de définition de l'identité abondamment pratiquée au long de l'histoire de la philosophie y compris récente. Il s'agit, chaque fois, de déterminer ce qui définit une entité et ses conditions d'identité qui varient avec l'identité en question – et l'on sait qu'il y a beaucoup d'entités différentes – les fleuves, les peuples, les villes, les machines, les personnes, les artéfacts humains en général, les romans, les équipes de sport, les espèces, les armées, les bandes de jeunes, les stars, les *serial killers*, etc. La littérature sur l'identité fourmille de réponses sur tous ces points »[14].

Repoussant la conception statique de l'identité, Yves Michaud montre que « la vérité de la conscience de soi est la détermination de soi d'un être humain qui est, selon les termes de Heidegger, fondamentalement projet, un à-être. Dans sa vérité existentiale, l'être humain est par rapport à la totalité de sa vie, projection d'un soi choisi »[15].

---

[13] Michaud Yves, « Identité et politique. Réflexion sur les projections humaines », dans *L'individuel et le collectif*, s/d de T. Bellé Wangué, collectif, Paris, Dianoïa, 2004, p. 13.

[14] *Ibidem*.

[15] *Idem*, p. 20.

Notre identité culturelle n'est donc pas notre tradition, nos coutumes, nos us et rites ancestraux ; tout cela fait partie de notre bagage culturel, de notre patrimoine. Un bagage, fût-il culturel, peut être déposé, changé ou troqué contre un autre. Il en est de même de tout patrimoine qui est susceptible de nous fausser compagnie selon les circonstances de notre être dans l'espace et le temps, selon donc nos expériences historiques, faites de rencontres, d'assimilations et d'acculturations diverses.

Ainsi, l'identité n'est pas plus dans la mémoire que dans les projets. Les identités sont en formation ; ce qui rassemble les hommes les identifie encore mieux que ce dont ils se souviennent, le futur mieux que le passé, l'à-venir mieux que l'advenu ou le donné historique.

Suivant cette idée, on peut distinguer sans séparer deux versants de l'identité : il y a une identité de l'individu qui renvoie à sa nature, à sa biographie, à son histoire, à ses éléments constituants ; une identité pour ainsi dire derrière soi, advenue, échue, celle que l'on ressaisit dans la réflexion et l'analyse. On la découvre par la mémoire, dans les récits, dans le corps aussi des individus et c'est elle qui fait qu'ils sont qui ils sont et ce qu'ils sont. Sur l'autre versant, « Une autre identité est liée à l'agent, à l'acteur, à sa capacité d'être source d'action et non pas seulement un point à travers lequel passent ou s'exercent des forces (un bouchon sur l'eau). Il y a là une dimension qu'on peut dire morale en entendant par-là l'idée d'une détermination stable des actions, l'idée d'une règle en rapport avec des habitudes, un caractère, des mœurs ou des principes moraux proprement dits. Cette identité *projective* n'est pas limitée au futur : elle peut concerner aussi ce que j'aurais voulu être ou ce que j'aurais dû être quand je reviens sur mes actions. Il y a une manière de se vouloir au passé qui s'exprime habituellement par le contrôle de la biographie et la reconstruction des souvenirs »[16].

En posant ainsi l'hypothèse de la quête de l'identité dans les projets *à-venir*, les projections de soi pour un *moi* culturel flexible et sans borne, on court le risque d'aggraver le problème au lieu de le résoudre, car s'il y a là des sources de sens pour l'identité[17], elles sont pour le moins paradoxales, puisqu'elles ne revêtent pas la forme que nous entendons habituellement.

La nature et l'identité humaines ne sont pas données ; elles sont à construire. Il serait en conséquence irrésolu de limiter l'essentiel à conserver ou à préserver de l'humain à sa dimension matérielle.

L'irrésolution du matériel comme référentiel absolu du patrimoine humain fondamental

L'homme c'est le premier des patrimoines, le patrimoine des patrimoines, la condition *sine qua non* des patrimoines culturels, matériels ou immatériels. Le conserver et le préserver doivent être le souci premier de toute démarche de conservation ou de préservation. L'Unesco estime que ce qui est fondamentalement à conserver et à préserver en l'homme serait de l'ordre du matériel, le génome. Pourtant, elle parle de l'humanité. Justement, l'humanité ou l'humain n'est pas une chose matérielle, physique, quantitative que serait un corps, même réduit aux constituants de ses principes germinatifs ou la somme statistique des hommes.

L'absolutisation du naturel, du matériel ou du biologique ne constitue pas une base solide pour fonder le patrimoine humain fondamental. C'est encore l'Unesco qui porte

---

16 *Idem*, pp. 16-17.

17 Chez Sartre par exemple et pour l'existentialisme en général, le sujet ne peut être défini, identifié qu'au terme de sa vie, car il n'est jamais là où on croit l'apercevoir, il se fait.

l'attention sur cette instabilité dans l'article 3 de sa déclaration sur le génome humain : « Le génome humain, par nature évolutif, est sujet à des mutations. Il renferme des potentialités qui s'expriment différemment selon l'environnement naturel et social de chaque individu, en ce qui concerne notamment l'état de santé, les conditions de vie, la nutrition et l'éducation ».[18]

Les progrès rapides des sciences et des technologies influencent de plus en plus l'idée que nous avons de la vie et la vie elle-même, de la nature et de la nature biologique des êtres vivants.

En quoi consiste exactement la nature biologique de l'homme à l'heure du tripatouillage du code génétique des êtres biologiques, du clonage, de l'eugénisme, du séquençage de l'ADN pour les organismes génétiquement modifiés et choisis, aussi bien dans le règne végétal qu'animal ?

Cette question comprend une réponse, car en fait c'est le droit des gens qu'il faudrait absolutiser et en tirer l'éthique qui conviendrait pour la science et la société actuelles. Le biologique ne peut pas être considéré comme absolu ; l'absolu pour l'homme de notre temps n'est pas une donnée. Il est à construire ; seul le droit ou le culturel indiquera les voies de l'absolu, en tenant compte de sa fugacité qui exige une constante adaptation et réadaptation. Il faut dépasser la nature et renoncer à l'identité pour fonder le droit sur les valeurs, les normes et les procédures. Il faut entrer dans l'âge post-identitaire qui se veut un âge juridique, normatif et éthique.

Si l'on doit tenir compte de l'évolution des sciences du vivant (nous nous abstenons, en conscience de cause de

---

[18] Déclaration universelle sur le génome humain et les droits de l'homme, du 11 novembre 1997.

parler de progrès en ces matières) et de la révolution biotechnologique de notre temps, on ne peut pas fonder le patrimoine humain fondamental sur la nature biologique et prétendre par-là à une théorie de la dignité humaine. On doit le fonder sur l'immatériel, l'idée, le droit, les valeurs et sur la nécessité et l'exigence éthiques.

À cet égard, l'éthique bien comprise doit s'appuyer sur le droit, les lois et déployer des *régulations* pour garantir et protéger l'idée d'humain comme patrimoine fondamental au-delà de la relativité du temps et de l'espace, des États et des frontières. Une telle idée de l'humain ne me semble pas en péril en contexte de développement des sciences biotechnologiques ; elle est résiliente.

Le concept d'immatériel humain comme patrimoine résilient

L'idée de patrimoine comprend déjà celle de protection. Rien ne peut accéder au statut de patrimoine sans faire ou avoir été l'objet d'une protection et d'une conservation. Que faut-il donc conserver et préserver en l'homme qui serait le patrimoine humain fondamental ? Autrement dit, que demeure-t-il d'humain chez un transgenre, un patient en thérapie génie, un sujet génétiquement modifié ? Demeure-t-il un humain dans l'hypothèse optimiste du surgissement d'un post-humain ou d'un transhumain ?

La réparation et la transformation de l'homme ne porteront jamais atteinte à son intentionnalité humaine, sa subjectivité individuelle, sa capacité créatrice qui consiste en l'examen du monde et l'examen de soi, sous le souci moral permanent d'une amélioration du donné. L'idée d'humain, comme patrimoine des patrimoines, transcende les limites naturelles et artificielles qui existent entre les gens et les peuples. Tandis que les corps séparent, la capacité humaine rassemble ; c'est le socle idéal de l'universel. L'humain est un concept, une idée régulatrice en morale, en éthique, en droit, en lois, etc. Nous avons tous en partage cette idée normative qui est un immatériel fonctionnant comme une règle, un standard.

Au-delà du « patrimoine national »[19], mais plus justement du patrimoine biologique ou génétique, l'immatériel humain serait notre patrimoine fondamental, transnational, post-national, post-identitaire et vecteur du nomade abstrait, cosmopolitique, véritable citoyen du monde ouvert à la « société ouverte », résilient, dur et durable.

Au demeurant, la préoccupation était celle de l'exigence d'un référentiel normatif du patrimoine humain. Le référentiel matériel, biologique ou génétique que l'Unesco, sous de bonnes intentions, semble retenir, s'est avéré inconsistant *a priori* et *a posteriori*. Dans une approche *constructiviste*, j'indique une voie de la consistance en proposant une forme de dématérialisation de la norme référentielle pour la fonder dans le droit, les lois, l'éthique.

Cette solution théorique pose évidemment un problème pratique qu'il ne faudrait pas perdre de vue : comment aller au-delà de l'exhortation connue pour la préservation du patrimoine humain et construire, pour une *éthique appliquée délestée des peurs a priori*, un concept neutre de l'« immatériel humain comme patrimoine résilient » susceptible de réguler sans juguler l'aventure scientifique, « mécanique » (Bergson), « technique » (Heidegger) en général, mais plus particulièrement la science du vivant et la biologie moléculaire de notre siècle ?

C'est dire enfin, comme les sept co-auteurs du présent livre, dont les textes sont mon prétexte, que je demeure, en toute conscience de cause, interrogateur. Faut-il, enfin, le

---

[19] Th. Le Hégérat, *Un historique de la notion de patrimoine*, HAL : https://halshs.archives-ouvertes.fr/halshs-01232019

rappeler ? La vocation première de la philosophie est d'interroger le monde, les pratiques et les fins. Elle nous paraît plus utile dans ses moments d'ignorance que dans ceux du savoir. C'est en ces moments qu'elle constitue un levier pour le renouveau de la connaissance et de l'action.

Références bibliographiques

Bergson, H. (1932), *Les deux sources de la morale et de la religion*, coll. Quadrige, Paris, PUF, éd. 2008.

Folscheid, D. (2019), *Made in labo. De la procréation artificielle au transhumanisme*, Paris, Les éditions du Cerf.

Harris, J. (2004), *On Cloning*, Londres, New York.

Heidegger, M. (1954), *Essais et conférences*, trad. André Préau, Paris, Gallimard, 1958.

Kass, L. (1977), « The Wisdom of Repugnance », *in* Kass, L. & Wilson, J. Q., (1998), *The Ethics of Human Cloning*, Washington, AEI Press, pp. 3-59.

Le Hegerat, T., *Un historique de la notion de patrimoine*, HAL : https://halshs.archives-ouvertes.fr/halshs-01232019

Michaud, Y. (2004), « Identité et politique. Réflexion sur les projections humaines », *in L'individuel et le collectif*, s/d de T. Bellé Wangué, collectif, Paris, Dianoïa, pp. 12-23.

Sartre, J.-P. (1946), *L'existentialisme est un humanisme*, Paris, Gallimard, coll. « Folio », éd. 1996.

Sloterdijk, P. (1999), *Règles pour le parc humain*, trad. O. Mannoni, Paris, Mille et une Nuits, 2000.

Teilhard de Chardin, P. (1955), *Le Phénomène humain*, Paris, Seuil « Points », éd. 1970.

Boudon, R. (1995), *Le juste et le vrai. Études sur l'objectivité des valeurs et de la connaissance*, Paris, Fayard.

Durkheim, E. (1911), « Jugements de valeur et jugement de réalité », *Sociologie et philosophie*, Paris, PUF « Quadrillage », éd. 2014, pp. 90-109.

Habermas, J. (1981), *Théorie de l'agir communicationnel*, trad. J.-M. Ferry et J.-L. Schlegel, Paris, Fayard, 1987.

Habermas, J. (2001), *L'Avenir de la nature humaine. Vers un eugénisme libéral ?* trad. C. Bouchindhomme, Paris, Gallimard, 2002.

Hottois, G. (1979), *L'Inflation du langage dans la philosophie contemporaine*, Bruxelles, Éditions de l'Université de Bruxelles.

- *Essais de philosophie bioéthique et biopolitique*, Paris, Vrin, 1999.

Njoh Mouelle, E. (2017), *Quelle éthique pour le transhumanisme ? Des "hommes augmentés" et des "posthumains", demain, en Afrique ?* Paris, L'Harmattan.

Pettit, P. (1996), « Conséquentialisme », *in* M. Canto-Sperber (dir.), *Dictionnaire d'éthique et de philosophie morale*, Paris, PUF, éd. 2004, pp. 388-396.

Putam, H. (1981), *Raison, vérité et histoire*, trad. A. Gerschenfeld, Paris, Minuit, 1984.

Strauss, L. (1954), *Droit naturel et histoire*, trad. M. Nathan et E. de Dampierre, Paris, Flammarion « Champs », éd. 1999.

Tsala Mbani, A.-L. (2007), *Biotechnologies et Nature humaine. Vers un terrorisme ontologique ?* Paris, L'Harmattan.

Présentation

De l'innovation (bio)technologique à l'innovation (bio)éthique : penser les conditions pour la préservation de l'humanité sur Terre

Anatole FOGOU

Département de Philosophie
E.N.S. de Maroua/Université de Maroua

&

Williams Fulbert YOGNO TABEKO

Département de Philosophie et Psychologie
F.A.L.S.H./Université de Maroua

Quels sont les enjeux philosophiques et éthiques des innovations (bio)technologiques pour l'humanité actuelle et celle à venir ? La configuration nouvelle de l'humain qui découlerait de ces technologies pourrait-elle entraîner une modification du sens de la vie et changer substantiellement la conception de l'homme jusque-là admise ? Telles sont quelques-unes des interrogations qui préoccupent les contributeurs à cet ouvrage. En effet, la course vers l'innovation dans les sciences s'inscrit dans la lignée du scientisme et du positivisme qui promettait un avenir radieux à l'humanité. Remontant jusqu'aux présupposés du rationalisme classique de Bacon ou de Descartes, ils nourrissaient l'ambition de soumettre par la science la nature et, ainsi, non seulement résoudre tous les problèmes de l'homme, mais aussi le doter d'un pouvoir sur la nature et sur son semblable. C'est dans cet esprit qu'un penseur comme Ernest Renan affirmait la toute-puissance de la science et sa capacité à résoudre tous les problèmes de l'humanité. Pour lui, la tâche de la science était d'organiser l'humanité et Dieu :

> Il viendra un jour où l'humanité ne croira plus, mais où elle saura ; un jour où elle saura le monde métaphysique et moral, comme elle sait déjà le monde physique […]. Si tel est le but de la science, si elle a pour objet d'enseigner à l'homme sa fin et sa loi, de lui faire saisir le vrai sens de la vie […], [t]out ce que je sais, c'est que si elle ne le fait pas, nul ne le fera, et que l'humanité ignorera à jamais le mot des choses ; car la science est la seule manière légitime de connaître (Renan, 1848 : 91-92).

La quête d'innovation que l'on observe dans différents domaines des sciences semble être la mise en œuvre de ce vœu. Celle-ci impose à l'humanité la soumission à de nombreux gadgets issus de la nouveauté technologique dans les secteurs aussi variés que la biologie de synthèse, les Technologies convergentes NBIC (Nanotechnologies-Biotechnologies-Informatique-sciences cognitives), la robotique. Les appels à l'innovation donnent « l'impression d'une fuite en avant où chaque innovation en appelle une autre dans l'errance indéfinie des moments présents assujettis seulement à des pouvoirs, des intérêts et des subjectivités » (Blay, 2014 : 12). L'innovation est considérée comme devant fournir aux citoyens devenus consommateurs, des services et des appareils nouveaux, l'enjeu étant d'assurer leur bien-être individuel par l'augmentation du confort et des choix dans la diversité technologique. Mais, au fond, de quoi l'innovation est-elle le nom ?

C'est une notion assez difficile à saisir parce qu'elle est multi-facettes et polymorphique. Ainsi, il existe dans la littérature scientifique de nombreuses définitions du concept d'innovation qui attestent de ce que son sens dépend du domaine et du contexte dans lesquels il est utilisé. Selon Schumpeter que l'on considère comme le fondateur de la théorie de l'innovation dans l'économie, l'innovation renvoie à l'impact économique, le changement technologique issu de l'utilisation de nouvelles combinaisons de forces productives existantes pour résoudre les problèmes des entreprises. Ainsi, elle est l'introduction sur le marché d'un nouveau produit et d'une nouvelle méthode de production, la conquête d'un nouveau marché, l'utilisation de nouvelles matières premières ou la mise en place d'une nouvelle forme d'organisation (Schumpeter, 1982). Pour Twiss (1989), l'innovation est un processus qui combine la science, la technologie, l'économie et la gestion pour mettre en œuvre une idée nouvelle et la commercialiser. Afuah (1998), quant à lui, se réfère à l'innovation comme à de nouvelles connaissances incorporées dans un produit, un processus ou un service. Il classe les innovations selon leurs caractéristiques technologiques, commerciales, administratives et organisationnelles.

Selon Blay (2014 :14), elle correspond à la mise au point de méthodes de production ou de distribution conduisant principalement, par l'automatisation normalisée des tâches, à une réduction du temps de travail ainsi qu'à une plus grande productivité, industrielle comme agricole. Dodgson et Gann (2010) considèrent l'innovation comme des idées appliquées avec succès dans les résultats et les processus organisationnels. Pensée comme pratique et fonctionnelle, elle doit déboucher sur de nouveaux produits et services ; conceptuellement envisagée, ses résultats consistent en l'amélioration des connaissances et du jugement ou de la capacité des organisations à apprendre. Pour l'OCDE (2005 : 54)[1], « l'innovation peut être vue comme la mise en œuvre d'un produit (bien ou service), d'un procédé nouveau

[1] Organisation de coopération et de développement économiques.

ou sensiblement amélioré, d’une nouvelle méthode de commercialisation ou d’une nouvelle méthode organisationnelle dans les pratiques de l’entreprise, l’organisation du lieu de travail ou les relations extérieures ». Mais l’OCDE (2019 : 20) est plus précise : l’innovation « désigne un produit ou un processus (ou une combinaison des deux) nouveau ou amélioré qui diffère sensiblement des produits ou processus précédents d’une unité et a été mis à la disposition d’utilisateurs potentiels (produit) ou mis en œuvre par l’unité (processus) ». Dans la mesure où nous sommes intéressés par l’innovation technologique, nous pouvons déduire des définitions précédentes qu’elle renvoie à une innovation basée sur une nouvelle technologie ou facilitée par l’utilisation d’une nouvelle technologie ou encore à laquelle on a apporté des améliorations technologiques. Il s’agit donc d’une invention basée sur la technologie qui pourrait conduire au développement ou au succès de la production.

On peut se rendre à l’évidence que la notion de nouveauté est une caractéristique majeure de l’innovation et de son processus. Elle peut concerner le produit, le processus ou les méthodes. Elle permet donc de générer de la valeur basée sur la nouveauté (nouveau savoir, nouvelle technologie, nouveau procédé de fabrication, etc.). Précisément, le domaine des biotechnologies a connu ces dernières années de nombreuses innovations qui interpellent la conscience philosophique ou la conscience humaine, en raison des impacts potentiels sur la vie, puisqu’il est désormais presque établi que nous ne pouvons échapper à ces progrès qui s’affirment comme inéluctables. L'OCDE (2005) définit la biotechnologie comme « *l’application* de la science et de la technologie à des organismes vivants, de même qu'à ses composantes, produits et *modélisations*, pour modifier des matériaux vivants ou non-vivants aux fins de la production de connaissances, de biens et de services »[2]. La biotechnologie est ainsi une rencontre entre la biologie, les technologies issues de diverses disciplines (comme l'informatique, la biophysique, la génétique ou encore la biochimie) et les sciences de l'ingénieur. S'il est vrai que les biotechnologies ont fait leur apparition dans l'humanité depuis des millénaires, avec notamment la découverte des processus de fermentation grâce à des micro-organismes ou encore, plus près de nous, avec le développement de la bactériologie et des lois de la génétique et de ses nombreuses applications, il reste qu'elles se sont fortement développées et couvrent aujourd'hui plusieurs domaines allant de la santé à l'environnement, de l'industrie à l'agriculture ou la bio-informatique[3].

Ces dernières années, le développement exponentiel des biotechnologies en fait désormais une science clé au potentiel infini. Elle combine les progrès réalisés dans les domaines de la biologie moléculaire depuis que F. Crick, J. Watson et M. Wilkins ont découvert la structure en double hélice de l'ADN en 1953, et de l'ingénierie génétique avec notamment la purification et l'union *in vitro* de fragments de cet ADN. Dans le même temps s'accroissait de manière exponentielle la puissance des moyens informatiques de calcul, de modélisation et de simulation. Ce mouvement se trouve accentué par le développement des nanotechnologies[4] elles-

---

[2]Voir https://www.oecd.org/fr/sti/tech-emergentes/definitionstatistiquedelabiotechnologiemiseajouren2005.htm

[3] En Europe, les biotechnologies ont été classées selon les couleurs : rouges : secteur de la santé avec une finalité thérapeutique ; blanches : secteur de l'industrie et notamment de la biomasse ; vertes : secteur de l'agriculture et de l'alimentation ; jaunes : secteur de l'environnement, du traitement et de l'élimination de la pollution ; bleues : couleur liée à l'exploitation génétique des organismes marins pour le secteur de la cosmétique, de la santé, de l'agro-alimentaire.

[4] La nanotechnologie est souvent présentée comme l'une des technologies les plus prometteuses pour l'avenir de l'humanité.

mêmes nées de la convergence des recherches fondamentales en physique, en chimie et en biologie.

On nous annonce par exemple, pour bientôt, la constitution d'un « moi numérique ». Celui-ci part du constat suivant lequel les technologies numériques sont de plus en plus intégrées aux personnes et à leur quotidien. Les chercheurs se proposent donc de multiplier les représentations numériques des personnes pour les représenter dans l'univers virtuel comme des jumeaux : passeports numériques, aide à la distanciation sociale, coach de vie numérique, etc., rendant ainsi concrète la notion de « jumeau numérique ». Dans ce contexte, le clavier et la souris prennent le dessus dans la relation de l'homme à la machine, avec l'apparition de technologies comme la perception de la pensée humaine ou le pilotage de la machine par la pensée. Ainsi, pour Gardner (2020), « les « passeports santé », les technologies de distanciation sociale, les jumeaux numériques de la personne (*digital twins*), les jumeaux citoyens (*citizen twins*), les interfaces BMI (*Brain Machine Interface*) connectées à notre cerveau aussi bien en mode lecture (lire la pensée) qu'en mode écriture (influencer la pensée, diffuser une pensée externe) sont les grandes innovations » qui risquent de bouleverser notre quotidien. Ces technologies n'aboutiront-elles pas finalement à une dépersonnalisation et une déshumanisation de l'humain ? Comment gérer nos libertés et nos droits dans un contexte où les sphères publiques et privées de notre vie sont investies et colonisées par l'ordre numérique qui, de surcroit, obère le sens de notre lien à l'autre et au monde ? De fait, la vision du monde que promeuvent les stratèges du numérique, de l'avis de Hirsch (2018 : 22), saccage « ce que nos prédécesseurs ont construit, ces idéaux transmis afin de conférer un sens à l'existence et une perspective à nos engagements ».

Dans le domaine de la médecine, plusieurs innovations sont à l'essai ou à l'étude : il s'agit notamment des médicaments destinés à ralentir ou à inverser le vieillissent par le blocage de la sénescence des cellules liées à l'âge ; de la promotion d'une médecine hyper-personnalisée pour traiter certaines maladies cérébrales mortelles. Ces innovations sont rendues possibles par les progrès du séquençage et de l'édition génétiques. Ainsi, compte tenu du coût exorbitant exigé, il est clair que ne pourront y avoir accès uniquement les couches fortunées de la population. Sera-t-il dès lors possible de généraliser ce type de traitement ? N'y aura-t-il pas là une forme de discrimination dans l'accès aux soins de santé et, par voie de conséquence, une menace grave sur le principe qui fait des hommes des êtres libres et égaux en dignité et en droits ?

Par ailleurs, comme le dit Nakamitsu, les progrès rapides dans le domaine des biotechnologies peuvent constituer des menaces graves si elles ne sont pas utilisées pour des causes nobles. Ainsi,

> les nouveaux outils facilitant la modification et la synthèse biologiques, conçues pour aider les scientifiques à mieux comprendre les maladies pourraient être utilisés à mauvais escient pour augmenter la puissance des agents infectieux pouvant être utilisés comme armes. Dans l'espace, il serait possible d'utiliser des systèmes robotiques […] pour alimenter les satellites en orbite […] afin de mener des attaques, de causer des dommages aux autres vaisseaux. L'impression 3D a déjà permis de fabriquer des composants de vaisseaux et de missiles pour l'armée et de produire des armes de poing, suscitant de vives inquiétudes concernant leur prolifération parmi les acteurs étatiques et non étatiques. Les vulnérabilités dans le domaine du cyberespace peuvent aussi constituer des menaces pour les systèmes bancaires, les hôpitaux, les réseaux électriques ainsi que pour d'autres infrastructures liées à internet (Nakamitsu, 2021).

On peut dès lors se demander quelle posture adopter face à l'expansion des biotechnologies comme nous la vivons. Faut-il mettre à profit ses prouesses à partir de l'idée que c'est par l'innovation que l'humanité sera capable de surmonter les crises qui l'assaillent ou développer « l'heuristique de la peur » (Jonas, 1998) à partir de l'affirmation du caractère inhumain (Atlan, 2002) de l'innovation biotechnologique ? Il faut reconnaitre avec Lecourt (2011 : 20) que « les biotechnologies viennent bousculer les certitudes de la pensée contemporaine qui a cru pouvoir continuer à saisir le monde et à guider les actions humaines en faisant usage de deux notions dont elle n'a pas su, ou pu renouveler le contenu », à savoir le concept de technique, dont la technologie est le prolongement perfectionné par la science, et celui de nature humaine. Ainsi, au lieu de saisir et de tourner à son avantage les progrès de la biotechnologie, on en vient à la diaboliser parce qu'on la croit susceptible de modifier la nature humaine et de faire de nous soit des inhumains, soit des surhumains ou encore des post-humains. Selon Blay (2014 : 17), l'innovation s'apparente à un « mouvement irresponsable, une fuite en avant sans fin dénommée « progrès », appelée par une logique inhérente de l'intérêt, de l'excès, de l'insuffisant, de la performance, de l'autodépassement et de la fabrication de « Winners » ». La question est dès lors de savoir comment réduire les risques liés aux innovations (bio)technologiques sans pour autant mettre à mal la créativité et les avancées de la science ? Autrement dit, quelles leçons tirer des prouesses bio-technoscientifiques relativement à leur impact sur la nature de l'homme et la réalité des rapports sociaux ?

Au-delà de la querelle entre les « bio-catastrophistes » qui considèrent que les biotechnologies menacent l'existence même de l'humanité et les « techno-prophètes » (Lecourt, 2011 ; Dupuy, 2002), qui pensent que la technologie issue des sciences est seule capable de permettre à l'humain de surmonter ses difficultés et de résoudre tous les problèmes auxquels il est confronté, il importe de réfléchir sérieusement à la posture qui doit être la nôtre face aux innovations biotechnologiques susceptibles d'impacter, voire de bouleverser profondément notre quotidien. Selon certains penseurs, le salut résiderait dans la régulation nationale ou internationale des résultats de la recherche scientifique, surtout lorsqu'ils sont susceptibles d'altérer la nature humaine ou d'influencer, de modifier les valeurs de l'humanisme classique (Fukuyama, 2002 ; Njoh Mouelle, 2017) et de nous introduire, par le fait même, dans un monde déshumanisé. Seulement, dans un contexte de mondialisation marqué par une dérégulation accrue, on peut observer que les instances jusqu'ici dédiées à la régulation sont, dans la pratique, incapables de le faire d'une part, en raison de l'absence de mesures coercitives, et d'autre part, à cause de l'absence de consensus (Engelhardt, 2006). De plus, la régulation s'adosse davantage sur des mécanismes hétéro-*régulatoires* dont les défaillances sont aujourd'hui notoires (État, organismes supranationaux), là où l'accent devrait être mis sur la perspective autorégulatrice, c'est-à-dire sur une approche qui miserait sur la responsabilisation des acteurs de l'innovation quant à la prise en compte des valeurs communes susceptibles de nous permettre d'assumer la responsabilité de l'homme et du monde (Arendt, 1972).

L'enjeu de la réflexion sur les (bio)technologies, tel que le déploient les auteurs des textes ici rassemblés, émarge à l'idée qu'il importe d'exercer avec honnêteté et lucidité l'examen vigilant des avancées technoscientifiques, en étant attentif à leurs conséquences et surtout, en se situant à « la hauteur d'enjeux d'humanité qui aujourd'hui ne peuvent s'exonérer de l'obligation d'affirmer et de défendre nos valeurs inconditionnelles » (Hirsch, 2018 : 21). Ainsi, les auteurs de ce volume assument l'idée que pour tirer le meilleur parti du développement des innovations biotechnologiques, il importe de promouvoir une innovation responsable pour permettre à l'humanité de relever le défi de « la capacité d'exercer la liberté de décider quelle humanité nous voulons incarner, assumer et défendre » (Hirsch, 2018 : 22). Il s'agit d'une contribution aux questionnements sur les hypothèses, les méthodes, les moyens, les fins et les conséquences de certaines innovations (bio)technologiques non seulement pour mieux les *intelligibiliser*, mais aussi pour satisfaire le besoin de connaissances adossées aux impératifs d'émancipation, de sécurité et de bien-être. Ainsi, aux innovations (bio)technologiques doit correspondre une innovation éthique créative et participative qui donne aux humains la possibilité d'évaluer en toute rationalité les conséquences des développements scientifiques et technologiques sur l'avenir du monde et de l'homme ; une éthique qui redonne à l'homme la responsabilité du monde et de l'homme en tant que tels, pour éviter que les innovations ne nous entraînent vers un monde dans lequel nous ne souhaiterions pas vivre ou vers un homme inhumain.

S'agissant du contenu des textes qui sont ici réunis, le lecteur remarquera qu'Anatole Fogou donne le ton par son thème : « L'idée d'une universalité des valeurs (bio)éthiques : à propos du concept « d'effondrement du consensus » de Hugo Tristram Engelhardt ». Il commence sa réflexion en présentant une panoplie d'interventions bio-technoscientifiques qui permettent de manipuler les émotions, le comportement ou de prolonger la vie humaine. C'est ainsi que la technologie génétique a la capacité d'agir sur l'identité des individus de façon à remodeler leurs gènes. Par la suite, Fogou constate que la manipulation de l'ensemble du monde vivant est assortie de conséquences inquiétantes qui en appellent à une réflexion éthique fondée sur des normes universellement partagées. Seulement, d'après Tristram Hugo Engelhardt Jr, l'adoption d'une position commune en matière de bioéthique n'est qu'un vœu pieux. Le bioéthicien américain souligne l'impossibilité du consensus du moment où l'on observe dans nos sociétés une diversité de l'offre morale. Par conséquent, le pluralisme des conceptions morales marque l'*effondrement du consensus* dans la quête et l'élaboration des valeurs (bio)éthiques universelles. Fogou s'emploie enfin à discuter la posture d'Engelhardt en montrant la possibilité d'élaborer des « principes moraux universels » et d'« esquisser leurs linéaments, notamment autour de la question du respect que l'on doit à tout être humain » du seul fait qu'il participe du règne universel des fins.

« La philosophie de la vie comme prolégomènes à l'éthique de la responsabilité chez Hans Jonas » est le deuxième texte signé de la plume de Williams Fulbert Yogno Tabeko qui entend démontrer que l'éthique jonassienne est tournée vers la vie dont elle doit prendre soin et sans laquelle l'éthique elle-même n'aurait pas de fondement et de sens. Se situant en quelque sorte dans l'itinéraire analytique tracé par Anatole Fogou, Yogno Tabeko pense que le principe vie est chez Jonas cette valeur qui engage l'homme dans une relation éthique avec le monde dans le but de préserver les conditions pour la survie indéfinie de l'humanité. Pour réaliser cet objectif, il se pose la question suivante : « Comment Jonas en arrive-t-il à la saisie de l'unité psychophysique de la vie alors que le contexte scientifique dominant est marqué par la méthode positiviste qui expurge le réel de toutes formes de subjectivité ou de finalité pour ne considérer que ce qui est mesurable quantitativement ? » Selon Yogno Tabeko, si Jonas élabore « une éthique pour la civilisation technologique » fondée sur la philosophie de la vie, c'est parce que la vie qui est elle-même porteuse d'une valeur intrinsèque est menacée d'extinction par la technologie moderne. Aussi, l'instrumentalisation technoscientifique de la vie dresse-t-elle des obligations à l'égard de l'homme du présent, de l'autre homme du futur et de la nature. C'est ainsi qu'à travers une lecture du corpus philosophique de Jonas, Yogno Tabeko retient que l'homme n'a pas le droit d'utiliser toutes les potentialités que lui confère le pouvoir technoscientifique pour modifier la nature en et hors de lui. L'appel à la retenue, à la prudence et à la responsabilité lui vient de l'Être. Il s'agit précisément pour l'homme de préserver l'être contre le non-être en s'opposant au nihilisme technoscientifique qui menace les fondements de son existence en particulier et de la vie en général.

Les quatre textes qui suivent se penchent sur la question de l'artificialisation de la nature humaine en essayant de voir si la technisation de cette nature ne rompt pas finalement la ligne de démarcation entre le naturel et l'artificiel au sein de la civilisation technologique. Il est également question de savoir si la nature humaine peut demeurer identique à elle-même en dépit de certaines manipulations biotechnologiques qui apparaissent d'emblée comme un processus de *désontologisation* de l'être de l'homme.

Grâce à la technique, l'homme cherche à dépasser ses limites, à améliorer ou à changer le dispositif naturel de son corps, de son environnement, des autres espèces vivantes, de sa planète, etc. Les applications biotechnologiques mettent ainsi en évidence une forme d'artificialisation de l'homme et de sa vie qui suscite des interrogations cruciales sur « l'avenir de la nature humaine ». La réflexion sur la nature humaine, déjà présente chez Jürgen Habermas (*L'avenir de la nature humaine. Vers un eugénisme libéral* ?), est captée dans le troisième texte, acte de Laurent Gankama. Il y est question de philosopher sur la légitimité de la croyance en l'existence d'une nature humaine au regard des proportions croissantes et inquiétantes que prend la transformation bio-technoscientifique de l'être humain. Le texte se nomme : « De la technicisation de l'homme : peut-on encore croire en la nature humaine ? » Selon

Gankama, les pratiques techniciennes et eugéniques procèdent à la déstructuration et à la restructuration du dispositif organique et naturel de l'homme ; contribuant ainsi, au plan éthique, à la *déconfiguration* de la dignité et de la valeur inhérentes à son essence. Dès lors, il estime que les conséquences déshumanisantes des biotechnologies permettent de douter de la possibilité de maintenir les fondements de la civilisation et de la culture d'humanité ; d'où la nécessité d'une prise de conscience éthique aux fins d'une réorientation de la puissance biotechnologique vers la préservation de la nature humaine.

Comme s'il continuait la discussion initiée par Gankama, le texte de Gbomené Hilaire Kanon porte un titre qui s'entend comme une clarification : « Artificialisation du vivant : quelle frontière entre le naturel et l'artificiel ? » L'ensemble du texte est organisé autour de la question principale que se pose l'auteur : « peut-on distinguer le naturel de l'artificiel dans l'artificialisation de la nature ? » Pour Kanon, l'objet technique est une sorte de transition entre le naturel et l'artificiel. La frontière qui est supposée exister entre les deux réalités disparaît par l'entremise de la culture, laquelle établit finalement une continuité entre elles. On passe donc de la distinction entre le naturel et l'artificiel qui a existé dans la période antique à une indistinction dans l'époque contemporaine. Cette indistinction se traduit non seulement par l'artificialisation de la nature, mais aussi la naturalisation de l'artifice. Étant donné que l'usage des artefacts conduit à la transformation de la nature *en* et *hors* de l'homme, Kanon trouve que l'objet technique n'est pas neutre, car il est un élément de la *relation sociale*. Loin d'être un simple outil d'usage, l'objet technique s'incruste dans la communauté humaine avec laquelle il échange des services et des informations. C'est ainsi que se forme une *communauté mixte* constituée d'objets hybrides de type naturel et culturel. Ce texte prétend montrer que la frontière entre le naturel et l'artificiel s'évanouit aussitôt que « l'objet technique devient un partenaire avec lequel l'homme est en relation dans la technosphère ».

« Clonage et conservation de la nature humaine : une impossibilité pour Michel Houellebecq » est le titre retenu par Bernard Bienvenu Nankeu pour le cinquième texte qui part de l'idée impressionnante selon laquelle *La Possibilité d'une île* de Michel Houellebecq met en exergue un univers sinistre dans lequel l'écrivain français fait planer sur ses personnages l'ombre de la mort. La *thanatophobie* qui s'empare desdits personnages suscite en eux un sentiment tragique doublé du désir d'éternité que le clonage est censé satisfaire. Sous les apparences d'une fiction romanesque, le texte passe au crible de la raison bioéthique le problème du clonage reproductif et pose l'impossibilité de la préservation de la nature humaine à travers des individus clonés. L'ensemble de ce texte est marqué par des questions qui invitent l'homme à réfléchir sur le sens véritable d'une vie promise à l'éternité : « Quel est l'enjeu du clonage pour les personnages de cet écrivain français ? Cet enjeu est-il mesuré, sensé, porteur ? Autrement dit, ce clonage n'est-il pas risqué ? Les résultats sont-ils à la hauteur des espérances initialement caressées ? » Sous la plume de Nankeu, on apprend que Michel Houellebecq pointe du doigt la dangerosité du clonage humain reproductif, car il néantiserait l'homme en pervertissant sa substance désirante qui n'est rien de moins que le véritable fond métaphysique de ses choix et ses illusions existentiels. Le clonage des êtres vivants identiques à leurs ancêtres fait plutôt apparaître des spectres qui sont émotionnellement, amoureusement, socialement et érotiquement vides. Le clonage marque donc l'assomption de l'*homo technicus* avec pour conséquence tragique la « fin de l'homme » en tant qu'*homo eroticus*.

Le sixième texte, qui a pour titre « Les biotechnologies et la question du fondement des droits humains », porte l'estampille de Bilakani Tonyeme. S'inscrivant presque dans la même logique discursive que les trois auteurs précédents, Tonyeme, après avoir initialement fait ressortir les bienfaits des biotechnologies, critique par la suite ses débordements qui portent atteinte à la constitution biologique et ontologique de l'homme avec le risque d'ébranler ses droits fondamentaux. L'auteur se demande alors s'il est encore possible de postuler l'universalité des droits de l'homme en une période où l'unité ontologique de l'homme est fragmentée et disséminée à travers la biologie moléculaire, la génétique, la biochimie, la robotique, l'informatique, etc. En d'autres termes, sur quoi fonder la dignité humaine lorsque l'intégrité du sujet est atomisée dans une série de modifications biologiques qui ne laissent point de place à une unité identitaire ? Selon Tonyeme, les différentes manipulations opérées sur la nature humaine rendent aléatoires les notions de droits de l'homme et de dignité humaine. En conséquence, pour fonder durablement les droits de l'homme et préserver la dignité humaine de potentiels effets pervers des applications biotechnologiques, l'auteur suggère l'avènement d'une « nouvelle bioéthique dont la méthodologie et le processus consisteraient à soumettre au débat public et permanent les prouesses des biotechnologies en ce qui concerne ce qu'il est bien de faire et ce qu'il faut éviter. »

Après ces différentes réflexions sur la préservation de la nature humaine, la discussion est transportée sur le terrain de la cybernétique par le septième texte signé du clavier de Wiliam Deuga Tcheugoue qui statue sur le rapport entre l'homme et la cybernétique, sous un titre qui laisse peu de mystère sur son contenu : « L'humain face au défi cybernétique ». L'auteur adopte une démarche ternaire qui commence par définir la cybernétique et à déterminer ses applications au quotidien ; elle se poursuit par l'analyse des risques auxquels l'homme est confronté dans la civilisation de l'algorithme ; pour s'achever par la nécessité d'enchâsser le projet cybernétique dans l'éthique. On retient avec Deuga que la cybernétique est porteuse d'espoir au regard de sa capacité à améliorer substantiellement l'existence de l'homme, mais cette charge positive ne doit pas occulter le fait que son déploiement est aussi assorti de nombreuses contradictions qui entravent le plein épanouissement de la société. Dès lors, il y a lieu de se soucier de la construction d'un éthos humain, car, note Deuga, « à côté de la démonstration de la puissance dont la cybernétique fait preuve, la bioéthique ne cesse de nous rappeler qu'il y a un meilleur de nous-mêmes qui se trouve toujours au-devant de nous. »

Ainsi, dans les différents domaines auxquels elles s'appliquent, les (bio)technologies se démarquent par des innovations révolutionnaires tout aussi fascinantes qu'inquiétantes, mais qui ont pour dénominateur commun d'en appeler à l'urgence d'une réflexion philosophique et éthique en rapport avec leurs impacts sur la vie de l'homme contemporain et des générations futures. De fait, elles suscitent des questions d'ordre social, sociétal et même religieux, puisque les produits issus de leurs activités ont trait à des préoccupations touchant à l'environnement, à l'éthique et à la sécurité qui ne font pas toujours l'objet d'un véritable consensus. Le présent ouvrage, qui rassemble les contributions de sept chercheurs issus de quatre pays (Cameroun, Côte-d'Ivoire, Congo-Brazzaville, Togo), est une esquisse de réponse aux différentes préoccupations qui émergent en contexte de développement bio-technoscientifique.

Références bibliographiques

Afuah, Allan (1998), "Responding To Structural Industry Changes: A Technological Évolution Perspective", *Oxford University Press*, USA, Vol. 6, Issue 1, pp. 183-202.

Arendt, Hannah (1972), *La crise de la culture,* Paris, Gallimard.

Atlan, Henri (2002), *La science est-elle inhumaine ?* Paris, Bayard.

Blay, Michel (2014), *L'existence au risque de l'innovation,* Paris, CNRS éditions.

Dodgson, Mark & Gann, David (2010), *Innovation. A very Short Introduction*, New York, Oxford University Press Inc.

Dupuy, Jean-Pierre (2002), *Pour un catastrophisme éclairé : quand l'impossible est certain*, Paris, Le Seuil.

Engelhardt, Hugo Tristram (2006), *Global Bioethics. The Collapse of Consensus,* M & M Scrivener Press, Salem, MA.

Fukuyama, Francis (2002), *La fin de l'homme. Les conséquences de la révolution biotechnique,* Paris, Gallimard.

Gartner (2020), "Five Emerging Trends That Will Drive Technology Innovation for the Next Decade", https://www.gartner.com/en/newsroom/press-releases/2020-08-18-gartner-identifies-five-emerging-trends-that-will-drive-technology-innovation-for-the-next-decade

Hirsch, Emmanuel (2018), *Traité de bioéthique. Les nouveaux territoires de la bioéthique*, Tome 4, Paris, Erès.

Hirsch, Emmanuel (2018), « Avant-propos. La bioéthique au défi du « principe de fraternité » », dans *Traité de Bioéthique*, T. 4, Paris, Erès, pp. 19-23.

Hirsch, Emmanuel (2018), « L'innovation scientifique justifie l'innovation éthique », in *Traité de bioéthique,* T. 4, Paris, Erès, pp. 165-179.

Jonas, Hans [1979] (1998), *Le Principe responsabilité. Une éthique pour la civilisation technologique*, trad. J. Greisch, Paris, Flammarion, coll. « Champs ».

Nakamitsu, Izumi (2020), "L'innovation responsable pour une nouvelle ère scientifique et technologique", disponible sur https://www.un.org/fr/chronicle/article/linnovation-responsablepour-une-nouvelle-ere-scientifique-et-technologique, consulté le 21/08/2020.

Njoh-Mouelle, Ebénézer (2017), *Transhumanisme, marchands de science et avenir de l'homme*, Paris, L'Harmattan.

OCDE (2005), *Manuel d'Oslo* : *Principes directeurs pour le recueil et l'interprétation des données de l'innovation*, 3e édition, Paris, Les éditions de l'OCDE.

OCDE/Eurostat (2019), *Manuel d'Oslo 2018 : Lignes directrices pour le recueil, la communication et l'utilisation des données sur l'innovation, 4e édition, Mesurer les activités scientifiques, technologiques et d'innovation,* Paris, Éditions OCDE, https://doi.org/10.1787/c76f1c7b-f.

Renan, Ernest (1848), *L'avenir de la science*, Paris, Calman Levy.

Salomon, Jean-Jacques (2000), *Survivre à la science : une certaine idée du futur,* Paris, Albin Michel.

Schumpeter, Joseph Aloi (1934), *The Theory of Economic Development*, London, Oxford.

Twiss, Brian (1989), *Goodridge M., Managing Technology For Competitive Advantage: Integrating Technological And Organisational Development: From Strategy To Action*, Trans-Atlantic Publications.

I.

L'idée d'une universalité des valeurs (bio)éthiques : à propos du concept « d'effondrement du consensus » de Hugo Tristram Engelhardt

Anatole FOGOU

Université de Maroua, Cameroun

Résumé : Les découvertes scientifiques dans le domaine de la biologie avec le développement de la technologie génétique ont doté l'homme d'un pouvoir qui lui permet d'agir sur le socle vital de l'identité personnelle des individus, en modifiant l'acide désoxyribonucléique (ADN), support matériel de l'hérédité en vue de modifier les gènes. Cette technique, qui est appliquée dans l'ensemble du monde vivant – des formes de vie les plus simples jusqu'aux plus complexes – permet de contrôler, de manipuler et de modifier la vie des individus, des peuples et des sociétés. Les implications de telles ingénieries, qui vont très loin, sont inquiétantes et appellent une urgente réflexion éthique pour adopter une position commune à l'échelle globale. Cependant, des voix discordantes comme celle du bioéthicien américain Tristram Hugo Engelhardt Jr s'élèvent pour affirmer qu'un tel consensus n'est pas possible, en raison du pluralisme des conceptions éthiques qui divise la gent humaine. L'objet de cette réflexion est de discuter cette posture en montrant que si le pluralisme des valeurs est irréductible et met à mal l'idée de l'universalité des valeurs bioéthiques, il reste que l'homme, participant du règne universel des fins, est porteur de valeurs éthiques qui peuvent servir de points de départ pour la formulation d'un consensus valable pour l'humanité entière.

Mots-clés : révolution biotechnique, régulation universelle, morale universelle, effondrement du consensus, valeurs bioéthiques.

Introduction

L'idée d'une morale universelle susceptible de baliser ou d'encadrer les comportements humains est de plus en plus mise à mal. En effet, malgré les efforts constants et les proclamations passionnées observés dans des textes juridiques internationaux (Protocole de Maputo, Déclaration universelle sur la bioéthique et les Droits de l'homme) dont le but est de proposer un consensus éthique à l'échelle planétaire, on constate la persistance de désaccords profonds sur les questions essentielles touchant à la vie, à la sexualité, à la dignité humaine, à l'intégrité corporelle, à la notion du bien, aux visions du monde et aux fondements sur lesquels reposent les prescriptions morales. C'est le constat que dresse Engelhardt (2006), en proposant pour expliquer ce phénomène, le concept de « collapse of consensus ». Seulement, souscrire à cette théorie, c'est ratifier l'idée de l'incommensurabilité des conceptions morales (Huntington, 1997), affirmer que la controverse et le pluralisme des conceptions morales sont irréductibles et définissent la condition humaine, de sorte qu'il deviendrait alors impérieux d'abandonner l'idée d'une morale ou d'une éthique globale, c'est-à-dire universelle. De fait, s'il est impossible de s'accorder sur un critère supérieur ou sur une autorité suprême en matière de normes, comment dès lors parvenir à élaborer un critère du bien qui prétende à l'universalité ? Face à la révolution biotechnologique en cours, qui se caractérise par l'émergence d'innovations susceptibles de modifier la conception que nous avons de l'humanité, les sociétés humaines peuvent-elles parvenir à définir une position éthique commune ? Pour répondre à ces questionnements, nous montrerons d'abord que l'idée de principes universels pour fonder une morale à dimension humaine a été codifiée depuis Kant. Ensuite, nous établirons que si le pluralisme des valeurs est irréductible et met à mal l'idée de l'universalité des valeurs bioéthiques, il reste qu'une analyse méta-éthique ne manquerait pas de révéler l'existence d'un sens moral universel en tout homme et sur lequel on peut s'appuyer pour construire une forme de consensus valable pour l'humanité entière.

1. De l'idée d'une morale universelle à l'adoption d'un cadre normatif international de régulation en bioéthique

1.1. La révolution biotechnique, l'innovation scientifique et la nécessité d'une régulation universelle

Les découvertes scientifiques, notamment dans le domaine de la biologie avec le développement de la technologie génétique, font de l'homme un « apprenti-sorcier » (Cambien, 2011 : 63). Ainsi, il est désormais possible d'agir sur le socle vital de notre identité personnelle, en modifiant l'ADN, support matériel de l'hérédité en vue d'agir sur les gènes. Cette technique est appliquée dans l'ensemble du monde vivant, des formes de vie les plus simples jusqu'aux plus complexes. L'enjeu ici est de remodeler les individus et leur comportement. Les implications de telles ingénieries vont très loin et sont surtout inquiétantes. En effet, ces « ingénieurs de l'homme » (Amégatsévi, 2013) mettent à la disposition d'une minorité, la possibilité de contrôler, manipuler et modifier la vie des individus, des peuples et des sociétés. S'appuyant sur les découvertes réalisées en biologie, en sciences du comportement et en informatique, ils imposent de penser autrement les conceptions traditionnelles de la nature humaine et de l'éthique. En fait, d'énormes progrès sont réalisés dans le domaine de la biotechnique et particulièrement pour ce qui est de la connaissance du cerveau et des sources du comportement humain, de la neuropharmacologie et de la manipulation des émotions et du comportement, de la prolongation de la vie ou enfin de l'ingénierie génétique.

Dans ce dernier domaine par exemple[1], le généticien Joshua Lederberg avait demandé au Congrès américain de disposer d'au moins 10 millions de dollars pour mettre sur pied des « commandos » génétiques pour accroître la connaissance du code génétique, en vue d'un meilleur traitement biologique des personnes. Robert Sinsheimer estimait avec conviction que pour la première fois depuis la Création, un être vivant serait susceptible de redessiner son avenir. Responsable du Département de Biologie du *California Institute of Technology,* il affirme que nous pouvons être les agents d'une transition vers un modèle d'évolution radicalement nouveau. James Watson, codécouvreur de la structure de l'ADN, se demandait ce qui pourrait nous empêcher de produire un être humain meilleur en lui ajoutant des gènes, si l'on pouvait le faire. Avec son manteau de généticien, il revendiquait même le droit de repousser les frontières de la science en affirmant qu'il est maintenant de notre pouvoir et de notre devoir, de corriger les erreurs de la nature, d'intervenir au cœur des génomes pour changer, bloquer ou remplacer des gènes défaillants et de remodeler les programmes génétiques. Une autre figure emblématique du monde de la génétique, Lee Silver, de l'université Princeton, après avoir lancé un défi à la nature dans *Challenging Nature* (Silver, 2006), a publié un livre au titre révélateur *Remaking Eden* (Silver, 1998), dans lequel il soutient que la manipulation génétique de l'humain n'annonce rien de moins que le paradis.

Outre les biologistes, les psychologues défendent cette idéologie d'homme nouveau. C'est ainsi que Skinner estimait que nous devions réaliser des changements dans le

---

[1] Ces exemples sont tirés d'Amégatsévi (2013 : 11-13).

comportement humain. À sa suite, ses disciples écrivirent que « nous pouvons mettre en place des techniques capables de produire en masse des êtres humains supérieurs. [...] Nous disposons d'une technologie suffisante pour obtenir le type de comportement que nous désirons » (Homme, De Baca, Cottingham et Home, 1968 : 431). En 1974, James McConnell de l'université du Michigan écrivait : « Il faudrait que nous reconstruisions la société de telle manière que tous, depuis notre naissance, nous soyons entraînés à faire ce que la société veut que nous fassions » (cité par Packard, 1978 : 12). Il s'agirait de la mise en œuvre de la vision du principe d'espérance d'un Aldous Huxley (1932), qui préconisait dès la conception, un contrôle total des êtres humains dans les couveuses artificielles rendues possibles par la biologie et la génétique. Dans lesdites couveuses, les embryons auraient été manipulés pour produire des êtres humains de types déterminés.

Les généticiens et psychologues ne sont pas les seuls promoteurs de ces discours avant-gardistes de la modification de l'humain considéré comme la dernière phase du progrès avant l'immortalité. Pour le philosophe nietzschéen Peter Sloterdijk (2000 :18), « la condition humaine est entièrement produit et résultat ». C'est pourquoi la culture est une anthropotechnique primitive qui peut être remplacée sans préjudice par les bio-manipulations. Pour lui, les différents humanismes ont échoué dans leur projet d'éducation. Et comme nous avons toujours eu des maîtres, mais aussi des présidents de la République et des percepteurs, des conseils de classe, des bureaux d'étude, différentes commissions, nous devons nous confronter à une nouvelle catégorie de maîtres qu'il convient d'ajouter à celles que nous connaissons déjà. Ces évolutionnistes prônent un certain nombre de techniques en vue de remodeler les individus et leurs comportements, comme la stimulation et modification du cerveau ; la programmation du comportement ; la manipulation des gènes ; le mariage de l'homme et de l'animal ; l'alliage de l'homme et de la machine ; la modification radicale des conditions du début et de la fin de l'existence.

Engelhardt (1996 : 377) pour sa part, estimait qu'à partir du moment où « il n'y a rien de sacré dans la nature humaine, il n'y a aucune raison pour que cette nature, avec de bonnes raisons, et de bonnes précautions, ne puisse pas être radicalement changée ». Cela suppose une réorientation du questionnement éthique puisque « nous ne sommes plus interrogés sur ce que les hommes et les femmes doivent faire, mais sur ce qu'ils doivent être et comment ils doivent être » (*ibid.* : 376). Il s'ensuit des pratiques telles que l'orthogénie, le choix du sexe, le diagnostic préimplantatoire en vue d'obtenir l'enfant parfait (blanc, protestant et basketteur) ; la vente sur Internet d'ovules de top models… Selon lui, les technologies biomédicales en particulier, offrent à l'homme des moyens de contrôle sur lui-même et sur la nature : « Les technologies biomédicales offrent un moyen de rendre notre nature humaine conforme aux buts que nous avons choisis » (Engelhardt, 1982 : 180). Ainsi, il ne devrait pas avoir de limites au développement des technologies puisque celles-ci servent les fins que l'homme, en tant qu'agent moral, s'assigne à lui-même. Selon le témoignage de Parizeau (1993 : 132),

> Engelhardt est somme toute très peu critique envers la techno-science. Il ne distingue pas son caractère impératif dans l'intrinsèque liberté de la recherche qui s'exprime dans l'adage : ce qui peut être fait doit être fait. Il ne saisit pas non plus la puissance opératoire des techno-sciences bien qu'il reconnaisse en partie son caractère nihiliste qui permet la modification radicale de la nature humaine. Il conçoit avant tout la techno-science comme un instrument de l'agent moral, essentiellement maîtrisable puisqu'elle est naturelle à *l'homo technicus.*

Par contre, Fukuyama (2002 : 26) estime que la menace la plus grave qui se dégage de ces progrès des biotechniques est la possibilité qu'elles altèrent la nature humaine et nous introduisent dans une phase post-humaine de notre histoire. En effet, soutient-il, elles combinent avantages manifestes et inconvénients subtils dans une même enveloppe. Ainsi, la technologie médicale « offre en bien des cas, une alternative au diable : une vie plus longue, mais avec des capacités mentales réduites ; la suppression de toute dépression, mais assortie de la fin de toute créativité, de toute activité spirituelle ; des thérapies effacent la frontière entre ce que l'on réalise par soi-même et ce que l'on réalise sous l'action de diverses drogues sur le cerveau » (*ibid.* : 27-28). Plus spécifiquement, Fukuyama envisage trois domaines dans lesquels ces menaces peuvent se matérialiser plus vite qu'on ne le pense. Le premier est celui de l'usage de nouvelles drogues découvertes grâce aux progrès de la neuropharmacologie, notamment le Prozac et la Ritaline, dont on sait qu'ils peuvent affecter l'amour-propre et les capacités de concentration. Même si on connait les effets secondaires que ces drogues occasionnent et qu'on évite de les prescrire, il n'est pas à exclure qu'à l'avenir, les compagnies pharmaceutiques préparent « sur mesure » des drogues parfaitement adaptées au profil génétique de chaque patient, en minimisant au maximum les effets secondaires indésirables, en sorte que « le flegmatique devienne vif-argent ; l'introverti, extraverti ; on pourra se choisir une personnalité pour le mercredi et une autre pour la fin de la semaine. Plus d'excuse à la dépression ou au malheur : même les gens normalement heureux pourront se rendre heureux à volonté, sans risque d'accoutumance, de dépendance ou de séquelles cérébrales durables » (Fukuyama, 2002 : 28).

Le second domaine est relatif aux progrès des recherches menées sur les cellules souches qui vont permettre aux scientifiques de régénérer virtuellement n'importe quel tissu du corps humain, si bien qu'on pourrait reculer l'espérance de vie au-delà de cent ans. Pour avoir un nouveau cœur, il suffirait de le faire pousser dans un porc ou une vache ; les lésions cérébrales dues à la maladie d'Alzheimer et aux attaques vasculaires deviendront réparables, la seule difficulté étant que le vieillissement pose des problèmes subtils que la biotechnologie est pour le moment incapable de résoudre : les gens deviennent psychorigides en vieillissant, ils ne pourront plus être séduisants et continuer à rechercher des partenaires en âge de procréation. Mieux encore, ils refuseront de céder la place à leurs enfants, voire à leurs petits-fils ou arrière-petits-fils (*ibid.* : 29).

Le troisième et dernier scénario est relatif à la capacité de sélectionner les embryons avant implantation pour optimiser le type d'enfant que l'on souhaite avoir. Il y a également la possibilité de transférer des gènes humains à des animaux pour mettre au point de nouveaux médicaments. De même, des gènes animaux ont été ajoutés à des embryons pour améliorer leur endurance physique ou leur résistance à certaines maladies. Si la science n'a pas encore créé de chimères, elle pourrait cependant le faire et modifier la conception de l'égalité des hommes qui repose sur la factualité de l'évidence empirique de la nature humaine. De fait, « nous sommes très différents, individuellement et culturellement, mais nous avons en commun une « humanité » qui permet à tout être humain de communiquer potentiellement avec n'importe quel autre humain à la surface de la terre, et d'entrer en relation morale avec lui » (*ibid.* : 30). Selon Fukuyama, le problème fondamental soulevé par la biotechnologie est finalement de savoir ce qu'il adviendra des droits politiques, dès lors que grâce aux progrès, nous serons capables de fabriquer des gens avec des caractéristiques avantageuses particulières. Mieux encore, que faire « en réponse à une biotechnique qui va mêler, dans un avenir proche de grands bénéfices potentiels avec des menaces qui sont ou bien matérielles et évidentes, ou bien spirituelles et subtiles ? » (*Ibid.* : 31). Pour Fukuyama, la seule réponse efficiente à cette question est la réglementation par l'utilisation du pouvoir d'État. Et si celle-ci tombe hors du cadre de l'État-nation individuel, il faut imposer une règle internationale. Il importe, selon lui, de réfléchir à la façon dont on devra construire des institutions capables de distinguer les bons et les mauvais usages de la biotechnique et d'imposer effectivement ces règles à la fois sur le plan national et sur le plan international. Fukuyama est conscient de la difficulté de la tâche. Ainsi,

> mettre en place un système de réglementation permettant aux sociétés de contrôler la biotechnique humaine ne sera pas facile : cela exigera dans les pays du monde entier, des législateurs décidés à traiter le problème et à prendre des décisions sur les problèmes scientifiques ardus. La forme et le fonctionnement des institutions destinées à faire appliquer ces réglementations sont des questions à débattre [...]. Un défi encore plus grand sera la mise au point de réglementations communes sur le plan international, la création d'un consensus entre des pays dont les cultures et les éthiques peuvent être très différentes (Fukuyama, 2002 : 34).

Abordant la question par un autre bout, le philosophe camerounais Njoh Mouelle débouche lui aussi sur l'impératif de la régulation internationale des résultats de certaines recherches scientifiques. Il s'agit notamment de la modification de la capacité visuelle et auditive, de la synesthésie, du *post-genrisme*, de la manipulation des embryons pour augmentation de l'intelligence et l'obtention de l'enfant parfait, de l'hybridation homme-machine, des casques télépathiques pour communiquer de cerveau à cerveau, etc. Pour lui, la régulation est incontournable parce que l'exploitation de certains de ces produits nuirait aux valeurs de l'humanisme. C'est pourquoi il affirme :

> la question de la régulation nous semble incontournable ; non seulement en ce qui concerne cet eugénisme faussement bénin, mais également en ce qui concerne tout autant la voie conduisant à l'hybridation homme-machine que la mise au chômage que l'intelligence artificielle a déjà commencé à produire et qui s'annonce comme devant s'aggraver avec le temps (Njoh Mouelle, 2017 : 15-16).

Plus loin, il précise : « Une régulation s'impose ici ,et qui devrait faire l'objet des préoccupations de tous les gouvernants des États dans le monde » (Njoh Mouelle, 2017 : 124). Comme on le voit, réguler c'est réglementer l'utilisation des résultats de la recherche, en particulier dans le cadre du transhumanisme :

> Quand nous parlons de régulation, nous pensons à la réglementation des exploitations par eugénisme, des avancées des recherches scientifiques d'une part et, d'autre part, aux pratiques d'hybridisme homme-machine conduisant au phénomène du cyborg. Nous pensons également à l'utilisation de l'intelligence artificielle pour le montage des robots dans le domaine militaire… (*Ibid.* : 125).

Dans l'optique de Njoh Mouelle, la régulation permet de prévenir les conséquences néfastes des progrès biotechniques sur l'humanité et sur les rapports entre les hommes en société. De fait, l'homme du futur, le post-humain ou le transhumain, déshumanisé et robotisé, risque de ne plus rien avoir d'ancrage biologique et ainsi de menacer l'existence de l'humanité. Alors que Fukuyama et Njoh Mouelle militent en faveur de la régulation pour faire face aux défis posés par les innovations technoscientifiques, Engelhardt estime que cela n'est pas possible, et même que l'instrument bioéthique qu'est la Déclaration de l'Unesco de 2005 échoue à proposer en ce domaine, des principes universels.

1.2. L'émergence de la bioéthique et de la Déclaration internationale de bioéthique comme cadre normatif

Il convient de souligner au préalable que le concept de bioéthique est un concept flottant et mou, tant une définition unilatérale est difficile, et les domaines auxquels elle peut s'appliquer sont nombreux. Selon Ricœur (1996) en effet, la bioéthique est un ensemble constitué de « l'éthique médicale orientée vers la clinique », de l'éthique médicale orientée vers la recherche et de la dimension légale de laquelle a émergé la notion de biodroit. Pour Folscheid (1999), il faut renoncer à lui donner un contenu disciplinaire pour n'y voir qu'un champ qu'on peut définir à partir de plusieurs perspectives : on peut le faire soit à partir des disciplines, la bioéthique renvoie alors à un champ disciplinaire ou interdisciplinaire qui peut aller jusqu'à l'écoéthique ou éthique environnementale ; soit à partir des problèmes posés, et elle désigne l'ensemble des problèmes biomédicaux au sens large ; soit enfin à partir d'objectifs pratiques, à savoir parvenir à des décisions. C'est pourquoi Folscheid fait de la bioéthique une « chauve-souris » qui peut revêtir autant d'identités qu'elle aura d'intérêts à satisfaire, ou glisser de l'une à l'autre. On peut cependant saisir ce qu'est la bioéthique à partir de son émergence.

Selon certains historiens de la bioéthique, celle-ci apparaît en Occident dans un contexte marqué par des développements technologiques qui provoquent un vacillement de ses bases morales. C'est ainsi que l'oncologue américain Potter inquiet pour le futur propose une nouvelle discipline pour accompagner ces développements : *bioethics*, que l'on traduira en français par bioéthique. Pour lui, cette nouvelle discipline est une « science de la survie » dont le but ultime est de préserver le bien-être et la vie des générations futures dans un monde en péril (Potter, 1971 : 1-2). Face aux prouesses des techniques qui ont pour conséquences directes la croissance exponentielle de la population humaine, Potter envisage une coercition en matière de planning familial si les gens ne prennent pas conscience du danger (*ibid.* : 156). À cette fin, il préconise une sorte de Gouvernement mondial dont la structure-clé serait un « Conseil sur le futur » constitué d'universitaires capables de combiner savoir scientifique et sagesse humaniste, de manière à mettre en œuvre les orientations pratiques en fonction des valeurs prédéfinies. Il s'agit en fait pour cet auteur d'une sorte d'évangélisation (*ibid.* : 50) susceptible de déboucher sur une « revitalisation de la dynamique religieuse » autour d'un « Crédo bioéthique » (Potter, 1971 : 50). Le projet de Potter est donc un « messianisme intramondain confirmant la propension à l'utopie vers laquelle la poussée technologique entraine les hommes sous le signe du progrès » (Malherbe, 2007 : 548). Dans le cas d'espèce, le progrès est celui de la biologie qui offre les linéaments pour développer les valeurs engendrées par le concept de survie. C'est en effet aux biologistes, pense Potter, que revient le rôle de freiner le déclin de l'espèce humaine. Il importe donc d'établir un pont entre culture scientifique et humanité pour sauvegarder la vie de notre planète et ramener le discours moral à la réalité. Autrement dit, l'éthique doit se plier à la rigueur des faits biologiques. C'est ce que Folscheid (1999 : 69) appelle la « biologisation de l'éthique ». Dans ce sens, la bioéthique s'apparente à une nouvelle discipline rationnelle qui devrait permettre à l'humanité de participer avec prudence à l'évolution biologique et culturelle du monde. Ainsi adossée à la biologie, la bioéthique devient une zoo-éthique (Rozenberg, 1996 : 102) qui accorde à la raison biologique le pouvoir d'établir les fondements naturels de l'éthique.

L'idée de cette nouvelle discipline était également portée par Hellegers[2] qui, déçu par les conclusions de l'encyclique *Humane Vitae,* a cherché à promouvoir un nouveau profil de bioéthiciens qui, par leur compétence en biologie, pourraient asseoir l'éthique sur les sciences de la vie. La vision de la bioéthique développée dans son institut était fondée sur les dilemmes médicaux concrets qui étaient au nombre de trois : les droits et les devoirs des patients et des professionnels de santé ; les droits et les devoirs des sujets soumis à expérimentation ; et de ceux conduisant les expériences et la formulation d'orientations générales de politique publique dans la médecine clinique et la recherche biomédicale (Beauchamp et Walters, 1989 : 56). La résolution de ces dilemmes devait se faire en rapport avec les principes d'autonomie, de bienfaisance, de non malfaisance et de justice. Bien qu'elle ne reprenne pas le discours messianique de Potter, ce dernier affirme cependant que la vision éthique théorisée par le *Kennedy Institute* « concorde essentiellement avec sa vision originelle » (1971 : 191).

Si pour certains penseurs, la bioéthique est la branche appliquée de l'éthique classique, Beauchamp et Childress (2001) estiment pour leur part que l'éthique médicale classique est inadéquate et donc incapable de traiter les problèmes contemporains de la bioéthique. On retrouve l'idée de cette rupture avec une éthique nourrie de philosophie chez Engelhardt et Singer qui, sous les effets de la sécularisation et de la fragilisation de l'héritage de la période dite des Lumières en Occident, préfèrent la solution du contrat moral reposant sur le consentement ou celle d'un utilitarisme de préférence susceptible de garantir les intérêts

---

[2] David Hellegers était le fondateur du *Kennedy Institute of Ethics*, vice-président de la commission pontificale sur la régulation des naissances (1964-1966) et directeur du Comité médical de cette même commission.

de chacun. Pour ces auteurs, une éthique universelle est quasi impossible, non seulement parce que leurs conceptions véhiculent un profond relativisme, mais aussi parce qu'ils assument l'idée que penser la vérité en morale est hasardeux. Il faut donc simplement trouver dans la morale commune des éléments permettant d'atteindre un « compromis acceptable » sur les questions éthiques. Celui-là se construirait sur la base d'une rationalité procédurale où le consensus commun serait atteint après une discussion rationnelle sans violence qui recourt à des dispositifs légaux et juridiques fondés sur la Déclaration universelle des droits de l'homme. Est-ce la recherche de cette base consensuelle qui a motivé l'élaboration de la Déclaration universelle sur la bioéthique et les Droits de l'homme ? Si c'est le cas, cet instrument a-t-il réussi à produire un consensus en matière de bioéthique à l'échelle globale ?

La Déclaration universelle sur la bioéthique et les Droits de l'homme a été adoptée le 19 octobre 2005 par la Conférence générale de l'Unesco. Il s'agit d'un texte normatif non contraignant qui énonce les grands principes applicables dans le domaine de la bioéthique. Elle traite des questions relatives à la médecine, aux sciences de la vie et des technologies y associées, appliquées aux humains, en étant attentive à leurs dimensions sociale, juridique et environnementale (art. 1). Son objectif est donc de définir les principes, les normes et les procédures universellement acceptables dans le domaine de la bioéthique, conformément aux Droits de l'homme tels que codifiés dans le droit international (art. 2). Elle est constituée d'un ensemble de dispositions et de principes généraux qui devraient permettre d'évaluer les implications éthiques des décisions mises en œuvre dans les domaines sus-évoqués. C'est donc une base de référence pour les pays qui souhaitent se doter d'un outil législatif en matière de bioéthique, en même temps qu'elle ambitionne d'offrir une base commune à tous les États pour inscrire leurs décisions et leurs pratiques scientifiques sur un certain nombre de principes généraux communs.

La pertinence de cet instrument dérive d'une part de la prise de conscience des progrès rapides observés dans les sciences et les technologies « qui influencent de plus en plus l'idée que nous avons de la vie et la vie elle-même, et suscitent une forte demande de réponse universelle à enjeux éthiques » (Unesco, 2005 : 813), et d'autre part, de la reconnaissance que les questions éthiques que posent les progrès rapides des sciences et leurs applications technologiques devraient être examinées en tenant compte de la dignité de la personne humaine et du respect effectif à l'échelle universelle des Droits de l'homme et des libertés fondamentales. Dès lors, il importe que la communauté internationale énonce « des principes universels sur la base desquels l'humanité pourra répondre aux dilemmes et controverses de plus en plus nombreux que la science et la technologie suscitent pour l'humanité et l'environnement » (*ibid.*).

La Déclaration promeut un certain nombre de principes à validité universelle qu'elle invite les États à respecter. Parmi ces principes, on peut citer la dignité, l'autonomie et la responsabilité individuelle, le consentement, la vulnérabilité et l'intégrité personnelle, la vie privée et la confidentialité, l'égalité, la justice et l'équité, la non-discrimination et la non-stigmatisation, la diversité culturelle et le pluralisme, etc. C'est dire par exemple que personne ne doit être soumis à des interventions biomédicales sans son consentement ; que personne ne doit être discriminé ou stigmatisé en raison de sa santé ; que les pratiques doivent viser le bien du patient ; que personne ne doit voir ses informations confidentielles divulguées, etc. En fait, chacun de ces principes porte sur un aspect particulier des pratiques biomédicales, mais sous l'angle du respect que l'on doit à tout être humain en tant qu'humain. À travers ces principes, la Déclaration affirme son ambition de se décliner comme un instrument universel d'aide à la décision appropriée et pertinente pour les individus, les groupes ou les communautés sur l'étendue de la planète. C'est pourquoi elle est attentive au respect de la diversité et du pluralisme, considérés comme source d'innovations et de créativité. Par ailleurs, aux yeux des rédacteurs de la Déclaration, « tous les êtres humains devraient bénéficier des mêmes normes éthiques élevées dans le domaine de la médecine et de la recherche en sciences de la vie » (Unesco, 2005 : 815).

La question posée par la Déclaration consiste à savoir s'il est possible d'atteindre l'universel dans un domaine caractérisé par la diversité et la multiplicité des convictions religieuses, des pratiques culturelles, médicales ou même des références historiques. Autrement dit, comment élaborer des normes à prétention universelle dans un contexte de diversité culturelle ? De fait, la bioéthique est liée à des valeurs qui sont diversement perçues selon les sociétés, notamment l'intégrité physique, le respect du corps, la vie elle-même. C'est pourquoi le médecin philosophe américain Tristram Engelhardt Junior estime qu'en matière de bioéthique, le consensus est impossible, en dépit de l'adoption de la Déclaration.

2. L'impossible consensus : le pluralisme moral est-il indépassable ?

2.1. Le pluralisme des conceptions morales et « l'effondrement du consensus »

Engelhardt (1996) part de l'idée que les sociétés contemporaines sont caractérisées par la présence en leur sein d'une pluralité de valeurs morales ; cela signifie que les personnes qui constituent une société particulière peuvent avoir différentes opinions sur ce que doit être la norme de l'action. De même, les critères pour définir une vie bonne ne font pas l'unanimité : ils peuvent être de l'ordre de la raison, de l'intuition ou de la religion. En matière de réflexion morale, il y a donc un désaccord moral persistant et irréductible (Engelhardt, 2006 c). S'il en est ainsi, c'est parce que les prémisses morales et métaphysiques qui séparent les uns des autres sont incompatibles, de même que les règles d'administration de preuves morales et métaphysiques sont diverses en fonction des contextes. Mais malgré cet état de choses, la prétention contemporaine est de dresser de longues listes de droits de l'homme qui servent souvent à fixer des limites au choix individuel. Elles sont souvent destinées à imposer des contraintes sur la façon dont les personnes doivent vivre au sein des communautés morales et particulièrement religieuses (chrétiennes, islamiques, confucéennes, orthodoxes...)

Engelhardt (2006 b :1) soutient que l'effondrement du consensus est lié aux guerres culturelles qui fragmentent les réflexions bioéthiques en camps partisans rivaux, fondées sur une diversité morale insoluble. L'échec du consensus ne porte pas seulement sur toutes les grandes questions de la vie humaine – allant de l'importance de la sexualité à la signification de la souffrance et de la mort, en passant par la reproduction humaine, la vie humaine précoce, l'allocation de ressources rares et la nature de l'autorité gouvernementale –, mais aussi sur le fait que sur ces questions, aucune perspective de résolution des controverses n'apparaît. C'est pourquoi, dit-il, il faut revoir notre compréhension de l'action libre et responsable en cas de désaccord sur la nature du bien, du droit, du vertueux et de la nature de l'épanouissement humain. Autrement dit, il faut donner sens au pluralisme des valeurs. Ce dernier peut se fonder sur six raisons possibles dont trois liées au relativisme moral et les trois autres liées à l'application des principes moraux généraux (dans des circonstances locales divergentes), au respect du choix individuel et communautaire, au souci de prudence, c'est-à-dire de pouvoir reconnaître l'incapacité d'assurer la pleine uniformité (Engelhardt, 2006 c : 37-38).

De fait, Engelhardt montre que la réflexion morale contemporaine est caractérisée par quatre grands traits : **premièrement**, elle est marquée par des désaccords importants, voire indépassables sur les théories morales développées par les philosophes à partir de prémisses incompatibles. Ceci donne à penser qu'il y a des moralités concurrentes et par conséquent, des bioéthiques concurrentes. Ce qui est marquant, c'est que ces désaccords ne concernent pas simplement des questions particulières, mais impliquent des visions divergentes du monde. Ils s'expriment dans des modes de vie incompatibles, eux-mêmes ancrés dans des conceptions morales disparates. Les controverses morales impliquées donnent lieu à des conflits culturels qui se manifestent souvent par des affrontements entre des sociétés façonnées par des perspectives morales dominantes différentes. Ces désaccords sont profonds et peuvent parfois déboucher sur des conflits sanglants, en sorte qu'on peut dire que « la controverse morale définit la condition humaine » (Engelhardt, 2006 b : 2). **Deuxièmement**, ces différends moraux sont persistants et caractérisent les réflexions morales aussi bien anciennes que contemporaines, bien qu'ils puissent devenir muets face à une orthodoxie fortement établie. **Troisièmement**, il est impossible, à partir d'arguments rationnels, solides et laïcs, de résoudre les conflits qui divisent les conceptions morales et les théories bioéthiques qui les accompagnent, parce que les personnes en conflit sont souvent en désaccord non seulement sur les prémisses de base, mais aussi sur les règles de preuve morale et métaphysique. Cela signifie que « les gens ne sont pas seulement en désaccord sur des questions morales particulières, mais souvent aussi sur le caractère fondamental de la moralité elle-même » (*ibid.*). **Quatrièmement**, face à ces désaccords et leur caractère insoluble, il y a cependant des proclamations passionnées de l'existence d'un consensus moral par exemple la Déclaration du 24 juin 2005 sur la bioéthique et les Droits de l'homme publiée par l'Organisation des Nations-Unies pour l'éducation, la science et la culture.

Analysant cette Déclaration, Engelhardt estime qu'elle est marquée par la vacuité générale de ses principes, ainsi que par un échec à prendre au sérieux la différence morale qui caractérise l'époque contemporaine. Pour lui, il y a, pour ainsi dire, un déni de la diversité morale à propos duquel il ne peut avoir de consensus substantiel. Il cite par exemple l'article 10 qui affirme que « l'égalité fondamentale de tous les êtres humains dans la dignité et les droits doit être respectée afin qu'ils soient traités de manière juste et équitable ». Cependant, rien n'est dit sur le statut des embryons et fœtus humains qui sont, dans un sens très important, des êtres humains, sans parler de la nature de la justice et de l'égalité. La Déclaration ignore ainsi les grands débats bioéthiques concernant la moralité de l'avortement. En effet, aucune défense n'est offerte contre les revendications d'égalité humaine face à l'inégalité humaine manifeste. Cette égalité est avancée comme une vérité métaphysique en dépit des preuves empiriques du contraire. La diversité morale est quant à elle reconnue de manière détournée.

Pour Engelhardt, bien qu'elle reconnaisse la diversité culturelle, la Déclaration n'apprécie pas à sa juste valeur la profondeur de la diversité morale, car cela remettrait en question sa possibilité même. Par exemple, l'article 12 stipule que l'importance de la diversité culturelle et du pluralisme doit être dûment prise en considération. Toutefois, ces considérations ne doivent pas être invoquées pour porter atteinte à la dignité humaine, aux droits de l'homme et aux libertés fondamentales, ni aux principes énoncés dans la Déclaration, ni pour en limiter la portée. En bref, soutient Engelhardt, l'article 12 annonce sans considération suffisante, une vision morale vaguement articulée de l'égalité humaine, sans parler de la dignité humaine selon laquelle toutes les autres vues doivent être mises en conformité (*ibid.* : 3).

D'autres articles, comme l'article 13, sont, pour lui, remarquablement vides. De fait, il affirme que « la solidarité entre les êtres humains et la coopération internationale à cette fin doivent être encouragées », mais laisse indéfinies la nature et la portée des revendications au nom de la solidarité. Celles-ci sont « plates, ambiguës ou sans fondement » (*ibid.* : 4). Engelhardt observe un paradoxe au cœur de la réflexion morale contemporaine suivant lequel de nombreux moralistes nient la profondeur et l'importance de leurs désaccords manifestes. Pourtant, dans le même temps, les débats sur les questions essentielles d'éthique et de bioéthique expriment et laissent transparaitre des positions irréconciliables et à la limite incommensurables. Cela s'explique, selon notre auteur, par le fait que face à un désaccord persistant, il est néanmoins intéressant d'affirmer la présence d'un consensus moral malgré son absence pour les besoins de la *Realpolitik*. De fait,

> ceux qui souhaitent établir par la loi une politique particulière des soins de santé seront généralement avantagés s'ils peuvent convaincre les autres que la politique qu'ils adoptent reflète un consensus concernant les droits humains fondamentaux [...] Cette démarche rhétorique peut désavantager les positions opposées en caractérisant ceux qui ne sont pas d'accord comme des opposants obstinés [...] aux droits humains fondamentaux, à la dignité humaine et aux revendications de justice.

Engelhardt continue en disant :

> Une fois le discours si structuré, les opposants à des politiques de santé particulières fondées sur des arguments bioéthiques qui nient le consensus régnant sembleront soutenir une vision antimorale. Le

> passage rhétorique aux revendications des droits de l'homme fondamentaux, de la dignité humaine et des exigences de la justice peut ainsi contourner une discussion politique démocratique à travers laquelle différentes parties aux visions morales opposées élaborent des solutions de compromis pour le droit et les politiques publiques [...] En bref, l'invocation d'une éthique mondiale, d'une bioéthique mondiale, des droits de l'homme, de la dignité humaine et des revendications d'une compréhension universelle de la justice joue un rôle important dans une Realpolitik au service de l'établissement de lois et de politiques particulières (*idem*).

Ainsi, l'idée d'une bioéthique globale ou universelle repose sur une fausse conscience ou une idéologie destinée à faire avancer une bioéthique particulière et sa politique de soins de santé, en marginalisant les opinions opposées comme se situant en dehors du soi-disant courant idéologique. Grâce à de telles stratégies, les opinions morales concurrentes et leurs partisans peuvent être écartés s'ils ne sont pas effectivement retirés du discours public. Dans cette optique, on peut comprendre pourquoi il est fait appel à un consensus moral ou bioéthique, même s'il n'existe rien de tel.

Par ailleurs, selon Engelhardt (2006 c), cette Déclaration est fondée sur une vision enracinée dans la philosophie grecque, profondément remodelée au Moyen-âge occidental, qui approuve, en l'imposant de manière centrale, une uniformité de conception de la compréhension morale et du comportement. C'est cette vision qui est la source historique éloignée d'une bioéthique mondiale développée par l'Unesco et affirmée par les Nations-Unies (Comité international de bioéthique, 2003).

Engelhardt affirme que la diversité, le pluralisme moral et des normes bioéthiques ne conduisent pas cependant à l'affirmation d'un relativisme moral. En effet, « même si notre condition morale et épistémologique justifie un scepticisme substantiel concernant le projet d'identifier par un argument rationnel solide un récit moral ou bioéthique particulier comme canonique, cet état de fait ne justifie pas un scepticisme métaphysico-moral, un déni de l'existence de la vérité morale » (Engelhardt, 2006 b : 6).

En fait, les visions morales particulières existent, mais elles sont insuffisantes pour la réalisation d'un consensus moral laïc ou l'identification par un argument rationnel solide en vue d'instituer une moralité particulière comme canonique. C'est pourquoi la Déclaration universelle sur la bioéthique et les Droits de l'homme ne peut constituer de base ou d'argument solide et rationnel pour un consensus substantiel concernant les droits humains matériels, la dignité humaine, la justice ou l'équité. L'invocation même du consensus soulève la question cruciale de savoir ce qui devrait compter comme tel, avec quelle force normative et pourquoi. Ce qui est nommé consensus ne peut-il pas finalement n'être que l'imposition de la position dominante ? Pour Engelhardt, on peut envisager au moins quatre sens différents du consensus. Il peut être entendu comme : accord d'autorisation lorsqu'il existe un accord réel entre les parties à un contrat ; accord hypothétique lorsqu'il n'y a pas d'accord réel, mais que les partisans s'entendent sur une conception particulière de la rationalité morale ; produit d'un mécanisme procédural (par exemple, la Déclaration de l'Unesco) ou enfin, résultat d'une délibération.

Selon Engelhardt, la Déclaration de l'Unesco repose sur la fausse supposition qu'un consensus d'experts sur une question morale devrait avoir une valeur analogue à celle d'un consensus de scientifiques[3]. Or en matière morale, on ne peut pas comparer le succès prédictif de différentes

---

[3]Lorsque, estime l'auteur, dans les sciences une prépondérance de chercheurs est d'accord sur une interprétation particulière de données, cela peut établir un parti pris en faveur de cette interprétation. Tel n'est cependant pas le cas dans les controverses morales où les parties ne partagent pas les mêmes prémisses morales de base et les mêmes règles de preuve.

conceptions, car dans chaque cas, le résultat est décrit différemment. En conséquence, on ne peut pas choisir parmi des alternatives sans se poser des questions, se disputer indéfiniment ou engager une régression à l'infini. L'échec de la tentative d'établir une vision morale canonique universelle fondée sur les droits de l'homme par un argument rationnel remet en question, à cause de sa dépendance à l'égard de conceptions morales particulières, l'autorité morale des systèmes juridiques et constitutionnels issus de la Révolution française.

Il n'y a donc pas de perspective morale universelle rationnellement justifiable, ni même de notion commune du raisonnable qui pourrait servir de base aux politiques démocratiques délibératives ou à leur gouvernance. Au mieux, il existe des modes de collaboration procédurale qui permettent la négociation et un accord limité, comme sur les marchés. Le paradigme de la discussion politique ne devient pas celui du séminaire socratique, mais celui d'un marché limité dans lequel il y a des échanges pacifiques d'accord politique.

2.2. Les fondements d'une bioéthique séculière selon Engelhardt

S'il n'est pas possible de formuler une bioéthique universelle fondée sur une définition consensuelle du bien, peut-on élaborer un modèle de bioéthique qui réponde aux exigences de la société séculière ? La réponse d'Engelhardt à cette question est affirmative, à la condition que l'on détermine au préalable les conditions de possibilité d'un tel modèle, c'est-à-dire qui puisse être en adéquation avec la présence d'une multitude de perspectives morales. Pour notre auteur en effet, l'éthique n'est qu'une façon autre que l'utilisation de la force pour résoudre les conflits ou les controverses. De fait, « les controverses morales peuvent être résolues au moyen de la force, de la conversion à partir d'un autre point de vue, d'une argumentation rationnelle, d'un accord » (Engelhardt, 1996 : 67). Parmi ces quatre moyens, seul le dernier peut être opératoire parce qu'il repose sur le consentement, c'est-à-dire l'autorité de ceux qui décident de collaborer. Le consentement à collaborer est chez Engelhardt la base même de la moralité. Autrement dit, il doit être compris comme une autorité morale dont l'expression est possible par le biais de la bonne volonté d'un agent moral qui consent, par son inscription dans un processus discursif de négociation, à collaborer à la résolution des controverses morales (Engelhardt, 1996 : 68).

Mais comment parvenir à cet accord ? Excluant la force, Engelhardt estime que cet accord ne peut être que le résultat soit de prémisses morales communément partagées qui ne demandent pas à faire l'objet d'une justification, soit sur la base de considérations qui ne relèvent pas de la morale, mais d'un accord sur des mécanismes procéduriers en vue de futures négociations concernant les conflits moraux (Parizeau, 1993 : 137). À en croire Engelhardt, cette entente des personnes sur les procédures réside dans la nature même de l'éthique qui a pour base le respect mutuel. Il s'ensuit qu'une personne qui refuse de collaborer à la négociation et préfère utiliser la force pour résoudre les conflits moraux ne peut pas, sur la base d'une argumentation rationnelle, empêcher que les gens utilisent la force contre sa supposée autorité morale et pour défendre sa liberté individuelle. De plus, l'éthique du respect mutuel fait en sorte qu'une personne pourra toujours désister de façon pacifique de la procédure de négociation. Ce faisant, elle aura éprouvé les limites de la possibilité d'un accord au sein d'une communauté et expérimenté dans un contexte pratique, l'égalité de tous les hommes.

Il convient de noter qu'aux yeux d'Engelhardt, la meilleure approche pour fonder la bioéthique qui prend en compte les exigences de la société séculière n'est pas de promouvoir le respect de la liberté individuelle, mais plutôt d'établir les conditions minimales pour penser les bases d'une résolution des conflits moraux sans le recours à la force, en ne se fondant que sur une autorité morale liée à la permission et au consentement des personnes en tant qu'égales (Engelhardt, 1996 : 69). Ainsi, l'éthique doit être entendue comme condition de possibilité minimale et nécessaire permettant que des personnes d'horizons moraux divers et différents puissent établir une forme d'engagement moral minimal pouvant faire autorité autrement que par la force.

L'éthique séculière engelhardtienne qui sert de fondement à sa conception de la bioéthique est donc vide de contenu moral, puisque seul le consentement des personnes à s'inscrire dans un processus de négociation est la source de l'autorité morale. Ainsi, l'accord entre personnes consentantes garantit par son autorité les conclusions de cet accord. De même, une personne peut adopter un comportement irrationnel. Celui-ci ne conduit pour autant pas à user de la force pour faire prévaloir son point de vue. Cet état de choses est garanti par le principe absolu du respect de la liberté individuelle en matière de convictions (Parizeau, 1993 : 137).

Cette éthique du respect mutuel dans le contexte de la bioéthique repose sur deux principes : le principe d'autonomie[4] qui deviendra plus tard le principe de

---

[4] À travers les notions d'autonomie et de personne, Engelhardt s'inspire assez largement de la philosophie kantienne. De fait, c'est à partir de l'agent moral, de sa raison, de sa bonne volonté et de son autonomie qu'on peut envisager l'éthique dans un contexte pluraliste. Seulement, il radicalise la position kantienne puisque pour lui, seule la personne est un agent moral qui mérite respect dans la mesure où elle est un être libre, rationnel, conscient et responsable de ses actes. C'est pourquoi il distingue les humains qui sont des personnes (adultes normaux) et les humains non personnes (les embryons, les enfants, les malades

permission[5], et le principe de bienfaisance. Ces principes peuvent être conçus soit comme des règles susceptibles éventuellement d'aider à résoudre les dilemmes moraux, soit comme la source d'obligations et de droits en matière de moralité. Dans ce dernier cas, ils servent à délimiter le cadre de l'activité morale et constituent des sources de justifications morales ou d'exercice de la moralité dans la pratique biomédicale. Ainsi, alors que le principe de permission est la condition nécessaire de la mise en place d'un cadre propice à la résolution des dilemmes moraux, le principe de bienfaisance reflète l'intérêt que les hommes ont à poursuivre entre eux une vie fondée sur la morale (Engelhardt, 1996 : 109). C'est dire que le premier est le propre d'une éthique du respect mutuel dans la mesure où il recommande de ne pas agir sur les autres sans leur consentement, alors que le second tente de définir le contenu de la pratique morale.

Mais la question est de savoir comment définir ce bien en dehors de tout consensus acceptable et accepté sur une hiérarchie de valeurs faisant autorité ? Quand bien même cette valeur faisant autorité existerait, il faudrait, d'après les propres principes d'Engelhardt, en rendre compte parce que cette autorité ne se justifierait qu'en fonction d'une hiérarchie particulière dans une société fondamentalement séculière au sein de laquelle la médecine ne peut utiliser ses

---

végétatifs), en distinguant la vie humaine biologique de la vie humaine personnelle. Voir à ce sujet le chapitre 4 d'Engelhardt (1996).

[5] Dans la deuxième édition d'Engelhardt (1996), le principe d'autonomie est remplacé par le principe de permission. Dans la préface, l'auteur explique que par ce changement, il cherche à dissiper la confusion sur ce qui constitue le véritable enjeu sous-jacent à sa thèse à savoir que l'autorité morale ne doit pas être comprise comme le fait d'une valeur qui serait obtenue en vertu de l'atteinte d'une certaine forme d' autonomie ou de liberté individuelle. L'autorité morale n'est dérivée que de la permission des personnes inscrites dans une entreprise commune de résolution des controverses morales.

buts comme une forme d'autorité morale de fait. C'est pourquoi pour concilier principe de bienfaisance et société séculière, il faut énoncer le principe de bienfaisance par une formule positive : « fais aux autres leur propre bien » (Engelhardt, 1996 : 113). Ou encore, « fais aux autres leur propre bien, à moins que soit reconnu que ce qui se présente comme l'apport d'un bien est un mal ou que l'apport d'un bien est de quelque façon que ce soit une chose mauvaise » (*ibid.*). N'y a-t-il pas alors une contradiction entre le fait de refuser d'apporter un traitement qui s'apparenterait à un mal et le fait que l'on doit obligatoirement faire aux autres leur bien ? La question se pose parce que dans une société séculière, aucune autorité morale fondée sur un système de rationalité déductive des valeurs ne peut être établie.

À la vérité, il faut dire qu'aux yeux d'Engelhardt, une personne peut, en vertu du principe de permission, faire l'objet d'une interdiction à l'obligation de faire aux autres leur propre bien si ceux-ci jugent que leur action leur est préjudiciable (*ibid.*). Cependant, selon Engelhardt, plus une communauté de personnes partage des sentiments moraux communs, plus il est facile d'obtenir un accord entre elles sur ce qui est bon ou mal. Par conséquent, un individu issu de cette communauté peut toujours refuser d'infliger à autrui un traitement qu'il considère comme nuisible à l'égard d'autres individus de cette même communauté (Engelhardt, 1996 : 114). On peut donc comprendre que la pratique de la bienfaisance dans un contexte séculier est irréalisable, puisqu'Engelhardt lui-même nous dit qu'il s'agit d'un concept « quelque peu bête et niais » qui n'a d'intérêt qu'à poursuivre ce qui est bon pour les autres en cherchant à éviter de faire du mal, et ce, sous l'égide du principe de permission. Le mieux à faire est donc d'articuler le principe de bienfaisance dans le contexte de sociétés particulières. Comme on le voit, Engelhardt, loin de définir ce que doit être la norme morale, cherche à définir le cadre moral susceptible de garantir la présence éthique dans le monde. Ainsi, la définition de la norme est une affaire de tous, ce qui est moral étant, en vertu des deux principes, ce que chacun considère comme étant avant tout son propre bien.

Mais selon Sosoe et Lajeunesse (1996 : 161), la position d'Engelhardt n'est qu'un scepticisme éthique déguisé et « la couverture d'une théorie banale de gestion des conflits où disparaît le point de vue proprement éthique ». Suivant ces auteurs, le principe de permission est formel et vide de contenu moral, puisqu'il ne renseigne en rien sur ce qu'est une position morale juste. De fait, respecter le consentement d'autrui, c'est-à-dire respecter son droit à choisir son propre bien, ou alors ne faire aux autres que ce qu'ils considèrent comme leur propre bien, revient à mettre de côté tout critère autre que cette personne veut pour elle-même. En ce sens, il n'y a donc pas de critère moral universalisable. Si tel est le cas, comment justifier l'exclusion de la force comme moyen de résolution des conflits moraux, puisqu'un tel renoncement ne repose sur aucune valeur morale ? En tout cas, l'éthique engelhardtienne, en tant que moyen non violent de résolution des conflits moraux, ne nous dit pas pourquoi renoncer à la violence est plus raisonnable que le contraire.

Par ailleurs, comme le note Hottois, « chez Engelhardt, le pluralisme de fait tend à se transformer en pluralisme de droit, absolument insurmontable et qu'il serait peut-être immoral – abusif – de vouloir surmonter avec trop d'insistance » (1993 : 130). Il n'y a donc pas de possibilité de le surmonter par la raison ; d'où l'idée « d'effondrement » ou « d'échec du consensus ». Le seul moyen d'y arriver ne peut être que celui d'une communauté déterminée qui entretient le phantasme de l'universalisation de sa foi particulière en universel. Ainsi, Engelhardt défend le droit à n'importe quelle croyance pourvu qu'elle ne veuille pas s'imposer autrement que par des voies symboliques à ceux qui ne la partagent pas. En effet, là où la raison échoue à définir le point de vue moral, Engelhardt estime que l'accord même obtenu par la persuasion[6], mais sans la violence, le peut. Comme le souligne Champagne (2003 : 100),

> La principale erreur d'Engelhardt [...] est de considérer que l'adoption d'une procédure de négociation est suffisante pour engendrer des principes moraux. C'est une erreur, en ce que la manipulation symbolique des gens n'est pas exclue de la négociation. Qui plus est, les résultats d'un consentement provenant de l'usage de la manipulation sont perçus comme étant moraux. En ce sens, on peut affirmer que chez Engelhardt il n'y a pas une véritable recherche d'un point de vue commun.

Il y a donc chez Engelhardt une prééminence accordée aux valeurs des communautés particulières considérées comme irréductibles. Ce qui débouche sur une éthique minimale, sceptique et relativiste relevant plus de « transactions mercantiles ou quasi mercantiles » (Sosoe et Lajeunesse, 1996 : 168). Cela signifie-t-il que les individus sont enfermés dans les limites de leurs communautés particulières ? Il est important de rappeler ce propos de McIntyre (1997 : 215) :

> Que le soi doive trouver son identité morale dans et à travers son appartenance à des communautés comme la famille, le quartier, la

[6] Il écrit : « Ce ne sera pas inapproprié de faire de l'influence ou de s'engager dans les voies d'une manipulation pacifique pour recueillir une permission, un accord ou un consentement. La persuasion, l'influence ainsi que les forces du marché sont des moyens de faire en sorte qu'il vaille la peine pour les individus d'accepter de se joindre à des entreprises particulières. De telles manipulations constituent une partie de la fabrication d'une société séculière de gens agissant d'une autorité commune, et ce, aussi longtemps que ce type de manipulations relève de moyens pacifiques, aussi longtemps qu'elles n'impliquent pas de menaces d'usage de la force ou d'une intervention sans consentement » (Engelhardt, 1996 : 72).

> ville, la tribu n'implique pas qu'il doive accepter ces limitations morales de la particularité de ces formes de communauté. Sans ces particularités morales comme point de départ, on ne saurait où commencer ; mais c'est à s'éloigner de cette particularité que consiste la quête du bien, de l'universel.

Il convient de remarquer avec Hottois que la conception éthique d'Engelhardt est une tentative de faire passer pour philosophique ce qui n'est qu'une conception locale, animée par des préférences et des intérêts particuliers qui ne peuvent être universellement acceptés. De fait, Engelhardt ne présente pas sa position comme étant située dans un milieu, une société, une civilisation : « il use d'un arsenal conceptuel qui devrait lui permettre notamment d'introduire une distinction entre un concept transcendantal de l'autonomie et une conception-valeur d'autonomie dépendant d'une communauté morale particulière » (Hottois, 1993 : 26). Hottois décèle trois niveaux de l'idéologie dans l'argumentation d' Engelhardt : le premier rattache ses arguments à son milieu professionnel, à savoir celui de l'exercice de la biomédecine aux États-Unis ; le second reflète la valorisation américaine de l'individualisme, du libéralisme et de l'économie de marché, à la recherche d'une gestion pragmatique des interactions entre les multiples communautés qui la composent : religieuses, ethniques, idéologiques, linguistiques… ; le troisième met en évidence une réflexion influencée par l'idéologie de l'occidentalité technicienne[7]. Ainsi, dit Hottois, le discours d'Engelhardt émane, reflète et encourage la promotion illimitée des possibles technoscientifiques et l'émancipation infinie des pulsions de la

---

[7] Dans le même sens, Parizeau (1993 : 141-142) estime que la pensée d'Engelhardt tout entière est tributaire 1) de la problématique morale de la profession médicale en Amérique, caractérisée par un paternalisme traditionnel ; 2) de la société américaine elle-même caractérisée par le libéralisme radical, l'individualisme et l'État minimal ; 3) de la multiplicité des communautés spécialement religieuses cohabitant dans la société civile ; 4) la survalorisation des techno-sciences opératoires et efficaces.

volonté désirante (*ibid.*). Il en ressort, d'une part, une éthique vide de sens, qui s'appuie sur une rationalité formelle, technologique, subjectivement vide et ne recevant ses contenus que de l'objet ; et, d'autre part, des volontés subjectives débordantes de contenus irrationnels, radicalement libres de n'importe quoi et de croire n'importe quoi, de produire n'importe quelle règle morale promouvant n'importe quelle conception de leur bien.

Pour Hottois (1993 : 28), Engelhardt est perpétuellement dans l'ambigüité en ce sens que sa propre élaboration éthique qui se veut philosophique et rationnelle, universellement valable n'est pas supra communautaire. Elle émane directement de l'humanisme progressiste rationnel et laïc. Elle est ambigüe. En effet, alors qu'elle invite à prendre des distances par rapport aux valeurs militantes du rationalisme laïc et de ses prétentions universalistes, elle promeut en même temps le droit absolu des communautés morales constituées dans l'absence totale de référence à la raison, pourvu qu'elles ne recourent pas à la contrainte physique. Mais comment tenir ensemble ces communautés ? Si en effet, le seul minimum commun universel est la raison des choses, et si les communautés ne peuvent que parler le langage technoscientifique et ne pas communiquer, ni interférer, alors on ne voit pas comment l'humanité ne serait pas destinée à éclater, à se dissocier dans la mesure où les technosciences y aideront, en rendant possible, l'auto-transformation biophysique des hommes, la symbiotechnie des humains et des artéfacts ou encore la dissémination cosmique (Hottois, 1993 : 29).

Au final, on peut constater qu'Engelhardt professe une éthique de la subjectivité où chaque communauté morale donne sens et pose ses propres valeurs. Les moyens de s'entendre passent par le discours discursif avec ses limites propres, et où seuls peuvent s'exprimer les agents moraux. Les conséquences sur les humains non-personnes (embryons, nouveau-nés, comateux...) sont non négligeables dans leurs effets, puisque le principe de bienfaisance relève, dans son contenu comme dans son application, de la volonté commune des communautés morales particulières (Parizeau, 1993 : 142). Il est cependant clair que pour fonder des normes (bio) éthiques à prétention universelle, il faut dépasser les particularités de contextes pour proposer un idéal régulateur comme le principe d'universalité.

3. Universalité du sens et des valeurs morales dans un monde biotechnique

L'universalité, au-delà de la particularité des contextes, est une idée régulatrice de la morale. Des études ont montré que l'on retrouve dans toutes les sociétés des valeurs transversales universelles, notamment l'exigence de justice à l'égard de tout humain ou encore la volonté partout affirmée de faire le bien et d'éviter le mal[8].

3.1. L'idée d'un sens moral universel comme base pour des principes moraux à prétention universelle

Contre Engelhardt, on peut affirmer, comme l'ont fait le philosophe John Mikhail et le biologiste Marc Hauser à partir d'une analyse méta-éthique, que les hommes sont dotés de ce qu'on pourrait appeler une grammaire morale universelle constituée de certaines valeurs morales et de « fonctions » qui s'appuieraient sur certains éléments propres pour produire des principes moraux variant selon les environnements, tout en étant issus d'une faculté unique. Ce sens moral présent en toute personne humaine est

---

[8] Voir Hersch (1968). C'est une anthologie de textes issus de traditions philosophiques et religieuses différentes qui montre bien que les valeurs communes à toutes les cultures sont bien plus nombreuses qu'on ne le pense.

analogue à cet instinct divin, juge infaillible du bien et du mal, principe inné de justice et de vertu auquel faisait allusion Rousseau dans *Émile IV*.

Pour mettre en évidence ces principes moraux universels, les deux auteurs susnommés étudient et comparent les réponses des sujets à certains dilemmes moraux :

> Dilemme 1 (Cova, 2009 : 131) : Un train vide, sans passager ni conducteur, se dirige à vive allure sur une voie de chemin de fer. Cinq ouvriers travaillent sur cette voie. Sur une voie secondaire, se trouve un autre ouvrier. Si rien n'est fait, le train poursuivra sa trajectoire sur la voie principale et causera la mort des cinq ouvriers. Jean se trouve près des voies et comprend ce qui est en train de se passer. [...] Jean voit qu'il peut éviter la mort des cinq ouvriers en actionnant l'aiguillage, ce qui orientera le train vers la voie secondaire. Mais ce faisant, le train percutera l'ouvrier seul, ce qui causera sa mort. Jean a-t-il moralement le droit de détourner le train sur la voie secondaire ?

Face à ce dilemme, la plupart des sujets interrogés (et cela, quels que soient leur nationalité, leur religion et leur niveau socio-économique et culturel) répondent qu'il est moralement acceptable de détourner le train (Hauser, Cushman, Young, Jin & Mikhail, 2007).

> Dilemme 2 (Cova, 2009 : 131) : Un train vide, sans passager ni conducteur, se dirige à vive allure sur une voie de chemin de fer. Cinq ouvriers travaillent sur cette voie. Si rien n'est fait, le train poursuivra sa trajectoire et causera la mort des cinq ouvriers [...] Jean se trouve sur un pont au-dessus de la voie de chemin de fer et comprend qu'il peut éviter la mort des cinq ouvriers en freinant le train avec un objet très lourd. Un piéton portant un énorme sac à dos se trouve sur le pont à côté de Jean. La seule façon de freiner le train consiste à pousser le piéton sur la voie. Mais, ce faisant, le train percutera le piéton et causera sa mort. Jean a-t-il moralement le droit de pousser le piéton depuis le pont ?

Face à cet autre dilemme, la plupart des sujets interrogés répondent qu'il est inacceptable de pousser le piéton depuis le pont. Le problème est alors de savoir comment expliquer que les gens acceptent de sacrifier une personne pour en sauver cinq dans le premier cas, mais pas dans le second ? Quel est le facteur psychologique déterminant qui amène les sujets à différer sur ces deux cas ?

Mikhail et Hauser estiment que l'un des principes déterminants est celui de la « doctrine du double effet », déjà énoncée par Thomas d'Aquin et qui stipule qu'un mal peut être commis pour un bien, mais uniquement si le mal vient comme un effet secondaire de l'action, et non comme un moyen de cette action. Or, dans le premier cas, la mort de la victime est un effet secondaire, tandis que dans le second cas, la victime est traitée comme un moyen et non comme une fin.

Comme l'affirme Cova (2009), cette théorie de la « grammaire morale universelle » est encore balbutiante, mais elle a l'avantage de fournir un modèle permettant de rendre compatible l'idée d'un sens moral universel malgré la variabilité des morales humaines. De fait, les hommes partagent certainement des traits communs – il y a des universaux humains qui font que nulle culture ne peut nous paraître totalement étrangère, totalement incompréhensible. Mais comment ces universaux humains se manifestent-ils ? N'y a-t-il universalité que là où il y a uniformité ? En fait, il est possible de penser à la fois à l'universalité de certaines facultés humaines et à la diversité de leurs manifestations, car l'uniformité n'est pas le critère ultime de l'universalité, ni même une condition nécessaire. Il faut reconnaitre l'existence de formes diverses d'éthique et de bioéthique en particulier. Ainsi que le dit Kenmogne (2012), libérer la bioéthique de la technoscience permet de contextualiser son discours de manière à lui permettre, à partir de données locales, d'élaborer de nouveaux discours bioéthiques, puisque les problèmes ne se posent pas de la même manière ou dans les mêmes termes çà et là.

Ce pluralisme, loin d'être un obstacle, devrait être mis à contribution pour stimuler justement l'élaboration ou la mise en évidence d'un sens commun universel afin de favoriser la compréhension et la cohésion autour de nouvelles postures éthiques issues de la science et des technologies. À partir de là, il est possible de s'appuyer sur ce sens moral universel pour postuler, contrairement à ce que pense Engelhardt, l'idée de principes moraux universels et esquisser leurs linéaments, notamment autour de la question du respect que l'on doit à tout être humain, puisque « quelque chose est dû à l'être humain du seul fait qu'il est humain » (Ricœur, 1988 : 236).

3.2. La notion de droits de l'homme comme pilier d'une bioéthique universelle

C'est ici qu'émerge la notion de droits de l'homme comme pilier potentiel d'une bioéthique universelle. En effet, on ne peut prétexter la diversité des cultures et des traditions pour justifier la violation de la dignité humaine ou des droits fondamentaux attachés à la personne humaine. L'idée de droit de l'homme repose sur l'exigence de justice à l'égard de tout être humain, quelles que soient par ailleurs ses coordonnées géographiques, ethniques ou culturelles. Dans le domaine biomédical, ce respect prend la figure de principes fondamentaux qui ont validité et valeur universelle : consentement, bienfaisance, non-discrimination, confidentialité, etc.

C'est dans cet esprit que les rédacteurs de la Déclaration de 2005 ont tenu à « prendre le droit international des droits de l'homme comme cadre et base de départ essentiels pour l'élaboration des principes bioéthiques » (Unesco, 2005 : 3). Le recours aux droits de l'homme est ici lié au fait que les activités biomédicales agressent une dimension essentielle de la personne humaine : sa vie, sa santé, son intégrité physique et psychique. Or, pour les protéger en tant que valeurs, il est important que l'on ait recours à l'instrument juridique mobilisateur de l'action politique à savoir le droit. Ainsi que le dit Andorno (2007 : 58-59), « en vue de protéger les patients et les sujets de recherche, il est courant d'avoir recours à des notions telles que « consentement éclairé », « intégrité physique », « confidentialité », « non-discrimination », etc., qui sont normalement formulées « en employant la terminologie des droits ».

Enraciner l'universalité de la bioéthique dans l'idée des droits humains est important parce que sa structure conceptuelle facilite la formulation de normes à validité universelle. Il ne faut pas en effet oublier que les droits de l'homme sont la prérogative de tout être humain, au-delà de la diversité et de la variété des cultures. Ce sont des droits liés à l'être humain en vertu du seul fait qu'il est humain. La Déclaration de 1948 proclame que tous les êtres humains sont égaux et possèdent des droits inaliénables, du fait qu'ils ont en partage la dignité humaine ou qu'ils appartiennent à la famille humaine. Ces droits doivent être entendus comme des prérogatives propres à l'homme en référence à sa seule condition humaine, indépendamment de son appartenance nationale, culturelle, religieuse ou ethnique : « ils visent à affirmer l'existence d'un invariant dans l'homme et constituent le reflet de l'unicité du genre humain » (Andorno, 2014 : 61). De ce point de vue, l'universalité est l'une des caractéristiques essentielles de ces droits, puisqu'on ne pourrait pas penser à eux s'ils n'étaient dits universels (Espiell, 1999 : 23).

Il est vrai que le principe d'universalité des droits de l'homme a été violemment critiqué d'un point de vue philosophique ou politique, l'argument avancé étant que c'est une invention de l'Occident qui cherche à les imposer au reste du monde. Mais la question serait de savoir si le fait que les droits de l'homme trouvent leur origine chez les philosophes des Lumières exclut la possibilité de les détacher de leur contexte historico-culturel. Selon Andorno (2007 : 59), « la question importante n'est pas tellement d'où vient cette idée, mais si elle a du sens. Or il semble bien qu'elle est non seulement raisonnable, mais qu'elle exprime tant bien que mal une exigence primordiale de respect à l'égard de tout être humain. C'est pourquoi elle est présente [...] dans toute société humaine ». De plus, que l'idée de droits inhérents à tout être humain ait été initialement formulée dans la tradition occidentale, il ne s'ensuit pas qu'ils restent attachés à cette tradition. Ils peuvent bien exprimer l'exigence de justice due à tout être humain. Ils sont donc capables de se détacher de leur contexte culturel pour s'adapter lors de leur mise en œuvre, à n'importe quel contexte. Dans cette perspective, on peut bien comprendre que l'idée de droits de l'homme fournisse une base pour analyser et rechercher les solutions aux nouveaux défis posés par le développement des sciences et des technologies (Mann, 1996). Si en effet les principes bioéthiques adressent des valeurs parmi les plus précieuses pour toute société humaine, et touchent à ce qu'il y a de plus intime dans l'être humain, celui-ci étant le même partout, il est possible de trouver des points de repère communs, la condition étant qu'ils soient suffisamment généraux pour pouvoir s'inscrire dans n'importe quel contexte en respectant les spécificités culturelles pour rendre ainsi possible un consensus universel.

Conclusion

Le propre de cette réflexion était de discuter la thèse du philosophe bioéthicien américain Tristram Hugo Engelhardt d'après laquelle il est impossible de parvenir à un consensus sur les grandes questions bioéthiques posées par les progrès des sciences et des techniques de notre temps. Partant en effet du constat que nous vivons dans une époque marquée par la pluralité et la diversité des conceptions éthiques, cet auteur conclut que le consensus sur les valeurs et les normes morales est impossible, même si par ailleurs, en vue de la résolution des conflits moraux, il admet la possibilité, dans certaines conditions, de parvenir à un accord sur la base de mécanismes procéduriers.

Après avoir rappelé que la morale dans son fondement repose sur une quête d'universalité, nous avons pu établir que la position d'Engelhardt est tributaire à la fois de la société américaine caractérisée par la valorisation de l'individualisme, du libéralisme et de l'économie de marché, de son milieu professionnel et de la pragmatique des interactions entre les diverses communautés qui constituent ladite société. À la vérité, le pluralisme des valeurs bioéthiques est lié à la diversité des pratiques culturelles. Celles-ci, loin d'être incommensurables, révèlent l'existence de principes moraux universels qu'une analyse méta-éthique permet de mettre en évidence. Il y a donc un sens moral universel malgré la variabilité des morales humaines qui montre qu'aucune culture ne peut être étrangère aux autres et qui peut servir de point d'appui pour construire une bioéthique à validité universelle. Dans cette optique, on peut observer que toutes les cultures disposent de mécanismes pour protéger les droits des hommes. De fait, il est possible d'enraciner des principes bioéthiques à validité universelle sur l'idée des droits de l'homme qui sont la prérogative de tout être humain, quelles que soient sa culture ou ses croyances.

Face à la révolution biotechnique et aux innovations scientifiques qui désormais dotent l'humanité d'un pouvoir incroyable sur les hommes et les choses, il importe de mener une réflexion éthique globale pour les accompagner. Comme le reconnait Gilbert Hottois (1989 : 8),

> Lorsqu'une chose est devenue à ce point omniprésente qu'elle se confonde avec l'air qu'on respire, il est extrêmement dangereux de l'ignorer, de la négliger ou même simplement de la banaliser en ne

l'évaluant pas d'une façon correcte [...]. Ce mépris ou cette mécompréhension de ce qui constitue le phénomène dominant de l'Occident aboutissent à encourager ou du moins à laisser croître toutes les réactions non éclairées [...] ou encore à laisser développer celui-ci suivant sa dynamique propre sans tenter de la penser ou du moins de l'accompagner par la pensée réflexive et critique.

Il est donc clair que face aux innovations scientifiques et aux développements des biotechnologies qui sont désormais en mesure de modifier les espèces vivantes, promouvant ainsi une nouvelle vision de l'homme avec des motivations fondées sur les principes de performance et de rendement, il faut une éthique globale pour préserver non seulement l'intégrité et l'image de l'homme, mais aussi et surtout la dignité humaine. Celle-ci est en effet, de plus en plus considérée comme le dernier rempart contre les risques d'altération des caractéristiques constitutives de l'espèce humaine, et qui pourraient survenir du développement ainsi que des découvertes biotechnologiques.

Références bibliographiques

Amégatsévi, Kokou Sename (2013), *L'Éthique du futur et le défi des technologies du vivant,* Thèse de Doctorat en philosophie, Université de Laval /Université Paris-Descartes.

Andorno, Roberto (2007), « Comment concilier une bioéthique universelle et le respect de la diversité culturelle ? », *in* Byk Christian, *Bioéthique et droit international. Autour de la Déclaration universelle sur la bioéthique et les droits de l'homme,* Paris, Lexis Nexis Litec, pp. 55-60.

Andorno, Roberto (2014), « Droits de l'homme et bioéthique. Une alliance naturelle », *in Annuaire des droits de l'homme,* Volume VIII, pp. 53-66.

Beauchamp, Tom and Childress, James [1979] (2001), *Principles of Biomedical Ethics*, New-York/Oxford, Oxford University Press.

Beauchamp, Tom, Walters, LeRoy, Kahn, Jeffrey and Mastroianni, Anna (2001), *Contemporary Issues in Bioethics*, Belmont (CA), Wadsworth.

Byk, Christian (2007), *Bioéthique et droit international. Autour de la Déclaration universelle sur la bioéthique et les droits de l'homme,* Paris, Lexis Nexis Litec.

Cambien, François (2001), « La technologie génétique s'apparente à un jeu d'apprenti sorcier », *in Science et Avenir*, N° 771, pp. 61-65.

Champagne, Martin (2003), *Qu'est-ce que l'éthique appliquée ? : Problématique et desiderata pour un modèle adéquat d'éthique appliquée*, Mémoire de maîtrise, Université du Québec-à-trois Rivières.

CIB (2003), « Rapport sur la possibilité d'élaborer un instrument universel de bioéthique », juin.

Cova, Florian (2009), « Universel et pourtant variable : deux paradigmes linguistiques appliqués à la morale », *in Le philosophoire*, N° 31, pp. 121-133.

De Malherbe, Brice (2007), « Bioéthique ou éthique de communion ? », *in Nouvelle revue théologique*, Tome 4, N° 129, pp. 545-568.

Engelhardt, Hugo Tristram (2006 a), "Global Bioethics: An Introduction to The Collapse of Consensus", *in* Engelhardt Hugo Tristram (2006), *Global Bioethics. The Collapse of Consensus,* M & M Scrivener Press, Salem, MA, pp. 1-17.

Engelhardt, Hugo Tristram (2006 b), "The Search for a Global Morality: Bioethics, the Culture Wars, and Moral Diversity", *in* Engelhardt Hugo Tristram (2006), *Global Bioethics. The Collapse of Consensus,* M & M Scrivener Press, Salem, MA, pp. 18-49.

Engelhardt, Hugo Tristram (1996), *The Foundations of Bioethics,* New-York, Oxford University Press.

Engelhardt, Hugo Tristram (2006), *Global Bioethics. The Collapse of Consensus,* M & M Scrivener Press, Salem, MA.

Espiell, Hectror Gros (1999), « Droits de l'homme et droits de l'humanité », *in* Mayor F. (1999), *Réné Jean Dupuy. Une œuvre au service de l'humanité,* Paris, Unesco, pp. 17-33.

Folscheid, Dominique (1999), « La chauve-souris bioéthique », *in* Israël L. et Mémeteau G., *Le Mythe bioéthique*, Bassano, Paris, pp. 67-89.

Fukuyama, Francis (2002), *La Fin de l'homme. Les conséquences de la révolution biotechnique,* Paris, Gallimard.

Hauser, Marc, Cushman, Fiery, Young, Liane, Jin, Kang-Xing & Mikhail, John (2007), « A Dissociation Between Moral Judgment and Justification », *in Mind and Language*, 22(1), pp. 1-21.

Hauser, Marc (2006), *Moral Minds: How Nature Designed Our Universal Sense of Right and Wrong,* Ecco.

Hersch, Jeanne (1968), *Le Droit d'être un homme. Anthologie mondiale de la liberté.* Paris, Unesco/J.C. Lattès.

Homme, Llyod, De Baca, Paolo, Cottingham, Lon et Homme, Angela (1968), « What Behavioural Engineering is ? » *in Psychological Record,* 18, pp. 425-434.

Hottois, Gilbert et Pinsart, Marie-Géneviève (1993), *Aux fondements d'une éthique contemporaine : Hans Jonas et H. T. Engelhardt en perspective,* Paris, Vrin.

Hottois, Gilbert (1989), *Le paradigme bioéthique,* Bruxelles, De Boeck-Erpi.

Huxley, Aldous (1932), *Le Meilleur des mondes,* Paris, Plon.

Israël, Lucien et Mémeteau, Gérard (1999), *Le Mythe bioéthique*, Paris, Bassano.

Jonas, Hans (1993), « Le fardeau et la grâce d'être mortel », *in* Gilbert Hottois et Marie-Géneviève Pinsart, *Aux fondements d'une éthique contemporaine : Hans Jonas et H. T. Engelhardt en perspective,* Paris, Vrin, pp. 39-52.

Jordan, Bertrand (2011), « Un terrain scabreux teinté d'eugénisme », *in Science et Avenir*, N° 771, pp. 66-68.

Kant, Emmanuel (1976), *Critique de la raison pratique*, trad. Picavet, Paris, PUF.

Kant, Emmanuel (1979), *Fondements de la métaphysique des mœurs*, trad. Paris, Victor Delbos, Delagrave.

Kenmogne, Émile (2012), « Une approche africaine de la bioéthique ?», *in Ethica, Revue interdisciplinaire de recherche en éthique,* vol 17, N° 2, *Penser l'éthique en Afrique. Perspectives camerounaises*, pp. 13-25.

MacIntyre, Alasdair (1981), *After Virtue A Study in Moral Theory,* University of Notre Dame Press, Notre Dame, Indiana.

Mann, Jonathan (1996), « Health and Human Rights. Protecting Human Rights is Essential for Promoting Health", *in British Medical Journal* (Editorial), vol. 312, pp. 924-925.

Mayor, Frédérico (1999), *Réné Jean Dupuy. Une œuvre au service de l'humanité,* Paris, Unesco.

Njoh Mouelle, Ebénézer (2017), *Transhumanisme, marchands de science et avenir de l'homme*, Paris, L'Harmattan.

Packard, Vance (1978), *L'Homme remodelé*, Paris, Calmann-Lévy.

Parizeau, Marie-Hélène (1993), « Bioéthique et éthique procédurale », *in* Gilbert Hottois et Marie-Géneviève Pinsart, *Aux fondements d'une éthique contemporaine : Hans Jonas et Hugo Tristam Engelhardt,* Paris, Vrin, pp. 133-143.

Potter, Van Rensselaer (1970), « Bioethics: the Science of Survival», *in Perspectives in Biology and Medicine*, 14/1, pp. 127-153.

Potter, Van Rensselaer (1971), *Bioethics, Bridge to the Future*, Englewood Cliffs (NJ), Prentice-Hall Inc.

Ricœur, Paul (1988), « Pour l'être humain du seul fait qu'il est humain », *in* Raymond De Jean-François (dir.), *Les enjeux des droits de l'homme,* Paris, Larousse, pp. 233-237.

Ricœur, Paul (1996), Préface du *Code de déontologie médicale*, Paris, Seuil.

Rosenberg, Jacques-Jean (1996), « Éthique du vivant et sciences de la vie », *in Éthique,* N° 22, Paris, Eska, pp. 97-107.

Silver, Lee M. (1998), *Remaking Eden*, New York, Avon Books.

Silver, Lee M. (2006), *Challenging Nature*, New York, Harper Collins Publishers.

Singer, Peter (1993), *Practical Ethics,* Cambridge, Cambridge University Press.

Sloterdijk, Peter (2000), *La domestication de l'être*, Trad. De Mannoni O., Paris, Mille et une nuit.

Sosoe, Lukas et Lajeunesse, Yvette (1996), *Bioéthique et culture démocratique,* Montréal, Harmattan.

Unesco (2005), « Déclaration universelle sur la bioéthique et les droits de l'homme », *in Revue internationale des sciences sociales,* N° 186, pp. 811-819.

II

La philosophie de la vie comme prolégomènes à l'éthique de la responsabilité chez Hans Jonas

Williams Fulbert YOGNO TABEKO

Université de Maroua, Cameroun

Résumé : Si l'éthique de la responsabilité jonassienne prend en charge la vie et a comme fondement une ontologie de la vie, c'est dans le but de répondre aux multiples défis contemporains lancés par la dynamique technoscientifique. En effet, le périssable est l'objet de l'éthique de la responsabilité ; or la vie (humaine et non humaine), du fait de son instrumentalisation technoscientifique par l'agir humain, est devenue périssable ; par conséquent, la vie est l'objet de l'éthique de la responsabilité. Cette responsabilité, qui nous dresse des obligations à l'égard de la vie, de l'homme du présent, de l'autre homme du futur et de la nature, n'est en réalité que l'aboutissement d'une philosophie qui puise ses racines dans le phénomène de la vie. Dans ladite philosophie, la vie adresse un « oui à l'être » en opposant un « non » au « non-être » sous-tendant l'« ontologie universelle de la mort » de la science mécaniciste. Cette réflexion se donne ainsi pour dessein de montrer que la philosophie de la vie – dont le déploiement conceptuel dans le corpus philosophique de Hans Jonas est chronologiquement antérieur au principe responsabilité – préfigure en réalité, pour notre civilisation technologique, une éthique qui pose comme premier impératif ontologique qu'*une humanité soit*.

Mots-clés : éthique de la responsabilité, philosophie de la vie, science et technique, métabolisme, nature.

Introduction

S'agissant de la production philosophique du penseur allemand Hans Jonas, certains lecteurs ne retiennent que le thème de la *responsabilité*[1]. Pourtant, ce principe éthique n'est que l'aboutissement d'une réflexion philosophique dont les racines conceptuelles sont profondément ancrées dans le *phénomène de la vie*. Autrement dit, la philosophie de la vie[2] innerve l'ossature de l'éthique de la responsabilité à tel point que cette dernière est tournée vers cette *vie* dont elle doit *prendre soin* et sans laquelle l'éthique elle-même n'aurait pas de fondement et de sens. Pour mieux saisir l'idée d'après laquelle la philosophie de la vie sous-tend l'éthique de la responsabilité, il est opportun d'observer l'itinéraire philosophique de Jonas qui épouse les trois grandes étapes de sa vie. Celle-ci commence par la *gnose*[3],

---

[1] Si *Le Principe responsabilité,* publié en 1979, est sans aucun doute l'ouvrage le plus connu de Jonas, c'est en raison des problématiques nouvelles qu'il aborde, notamment celles liées à la fragilité de la vie de l'homme – marchandisation des organes et embryons, manipulations génétiques, hybridation homme-machine, etc. – et de la nature – réchauffement de la planète, modification du patrimoine génétique des végétaux et animaux – en rapport avec l'actualité de notre monde en pleine évolution technologique. En 1987, *Le Principe responsabilité* s'est vendu à plus de 130.000 exemplaires en Allemagne et a valu à son auteur le Prix de la Paix des libraires allemands.

[2] La philosophie de la vie désigne une pensée qui allie à la fois la philosophie de l'organisme et la philosophie de l'esprit. La thèse de cette philosophie de la vie est la suivante : « l'organique, même dans ses formes les plus inférieures, préfigure l'esprit, et l'esprit, même dans ce qu'il atteint de plus haut, demeure partie intégrante de l'organique. » (Jonas, 2001 : 13)

[3] Jeune homme, Jonas rédige et soutient en 1928 une thèse de Doctorat qui a pour titre « *Le Concept de gnose* ». La pensée gnostique affirme clairement la scission radicale entre l'esprit et la matière avec pour conséquence la dépréciation de cette dernière considérée comme le règne de l'ignorance ou de l'obscurité.

se poursuit par la *philosophie de la vie*[4], pour s'achever par le *principe responsabilité*[5] (Ricœur, 2018). Courtine-Denamy résume l'itinéraire philosophique du penseur allemand en ces termes :

> À l'issue de la guerre, H. Jonas qui s'était consacré pendant des années à l'étude du phénomène du gnosticisme et à son rôle au cours du déclin de l'Antiquité, s'orienta décidément vers une anthropologie philosophique, suscitée tant par sa réflexion sur l'après-Auschwitz que par l'énorme potentiel nucléaire de l'après-guerre et les spectaculaires développements de la biologie. La tâche la plus urgente du philosophe lui parut dès lors être de repenser le dualisme hérité du cartésianisme et [...] de formuler une éthique nouvelle, fondée sur la découverte d'un principe dans la nature des choses. (2000 b : 9-10)

Si Jonas s'oriente vers des problématiques plus pratiques et actuelles, c'est parce que la philosophie analytique, qui emprunte les fondements mathématiques et logiques des sciences de la nature, s'occupe davantage de l'élaboration du savoir et de la formation des concepts que des problèmes réels de l'humanité (*ibidem* : 66). Ce faisant, les monismes post dualistes (idéalisme et matérialisme), issus de l'épistémologie cartésienne, aboutissent à la fragmentation de l'unité de la vie. Cette vie est « déchirée entre une conception purement mécanique et une conception idéaliste, entre un corps sans inspiration et une âme tournée vers le ciel. » (Pommier, 2013 : 488). D'après Jonas, la

[4] Dans la deuxième phase de sa vie, Jonas entreprend la critique du dualisme à l'œuvre dans les métaphysiques de la subjectivité – cartésianisme, existentialisme, etc. – et dans la biologie scientifique pour proposer un *monisme intégral* dans lequel est affirmée l'unité ontologique de la vie.

[5] Dans la troisième phase de sa vie, Jonas dégage une *éthique de la responsabilité* à partir de sa *philosophie de la vie*. Cette vie, qui est le nom de l'*être,* abrite des *fins* pouvant être détruites par la puissance technoscientifique de l'homme. C'est pourquoi la vie, la nature et l'humanité en général deviennent l'*objet* de la responsabilité humaine.

science moderne hérite de ce dualisme qui confine la liberté, la conscience, l'intentionnalité, etc., dans l'esprit humain et relègue le corps, la matière, la nature, etc., dans les structures mécaniques du déterminé. La matière est considérée comme le *sans vie*, une chose quantifiable, sans intériorité et soumise à la rationalité technoscientifique. La théorie mécaniciste de la science moderne est donc responsable de la fragilité de l'existence vivante qui se traduit par des menaces écologiques et des manipulations génétiques sur l'homme. La vie, en tant que thème unificateur de la philosophie jonassienne (Pommier, 2013 : 486), parcourt son corpus à travers trois ouvrages majeurs : *Le Phénomène de la vie* (1966), *Évolution et liberté* (1973) et *Le Principe responsabilité* (1979). À partir de la philosophie de la vie, la « civilisation scientifique-technique-industrielle » (Jonas, 1998 : 268) pourra ainsi prendre conscience de la responsabilité de préserver sur Terre les conditions pour la survie indéfinie de l'humanité[6]. Dès lors, par quel *modus operandi* la philosophie de la vie annonce et fonde-t-elle de nouvelles normes pour l'agir humain ? Comment Jonas en arrive-t-il à la saisie de l'unité psychophysique de la vie alors que le contexte scientifique dominant est marqué par la méthode positiviste qui expurge le réel de toutes formes de subjectivité ou de finalité pour ne considérer que ce qui est mesurable quantitativement ? Dans le souci de clarifier les interrogations précédentes, les deux premiers moments de cette réflexion présentent la philosophie de la vie dans son rapport à la science ; le troisième moment montre le lien quasi consubstantiel entre l'éthique et l'ontologie dans la perspective de la

[6] La vie est doublement menacée : une menace qui porte sur la *nature hors de nous*, condition indispensable de notre propre survie, et une autre qui porte sur la *nature en nous* ; à savoir les manipulations génétiques contemporaines, lesquelles bouleversent notre identité biologique.

préservation de la vie ; tandis que le dernier moment soutient que la technologie moderne que Jonas considère comme un mouvement d'auto-négation de la vie continue paradoxalement l'aventure de la vie par la richesse de ses créations.

1. Le dualisme de la science mécaniciste sous le signe d'une ontologie universelle de la mort

Jonas élabore la philosophie de la vie encore appelée philosophie de la biologie à partir d'une critique de la gnose, de l'existentialisme et du nihilisme. Ces doctrines ont en commun le dualisme – marqué par la séparation radicale de l'âme et du corps, de l'intériorité et de l'extériorité, de Dieu et du monde – aboutissant à la dévaluation de la vie de la nature qu'elles considèrent simplement comme le *sans vie*.

Dans le mouvement gnostique[7], l'homme et Dieu, tout en se tenant ensemble, sont séparés par le monde. L'aspect théologique de cette doctrine révèle que Dieu est étranger au monde et ne s'en soucie point. Le divin, qui ne se manifeste dans aucun objet de l'univers physique, est « l'Inconnu, le totalement Autre, inconnaissable d'après n'importe quelle analogie mondaine » (Jonas, 2001 : 222). Dans son aspect cosmologique, la gnose souligne que le monde est la création, non de Dieu, « mais de quelque principe inférieur dont il exécute la loi » (*ibidem :* 223-

[7] « Mouvement d'inspiration chrétienne et néo-platonicienne couvrant la période allant du Ier au IIIe siècle et regroupant des doctrines variées du bassin méditerranéen et du Moyen-Orient qui se caractérisent généralement par la croyance que les hommes sont des âmes divines emprisonnées dans un monde matériel créé par un dieu mauvais ou imparfait appelé le Démiurge. » (Pommier, 2003 : 487). Ce mouvement remonte à la tradition orphique avec la célèbre formule « soma-sema » qui signifie que le corps est le tombeau, la prison ou le lieu d'exil de l'âme ou de l'esprit.

224). Dans son aspect anthropologique, elle affirme que le *soi intérieur* ou *pneuma* (esprit) ne fait pas partie du monde, de la création et de la nature. Ainsi, le Tout, le Monde, l'Univers ou la Nature se caractérise par le « manque d'esprit » ou l'« ignorance » qui constitue d'ailleurs son essence (*ibidem :* 224). Puisque le monde est comparable à l'ignorance, à l'obscurité et donc à une puissance dont les lois et les normes contraignent l'homme, il revient à ce dernier de s'en libérer grâce à la puissance de son savoir qui, semblable à une lumière, amène le soi à se projeter lui-même hors de toute essence prédéterminée.

L'existentialisme de type heideggérien rompt également les attaches vitales de l'homme au monde. Jeté dans celui-ci et laissé à lui-même sans appui suprasensible, le *Dasein* est le seul artisan de son avenir en tant que liberté. Son être libre, indistinct de son existence, le projette sans cesse « vers l'avant dans l'avenir » (*ibidem :* 233). Ainsi, dans sa relation à la temporalité, le passé et l'avenir sont pour le *Dasein* les modes de l'existence « véritable » et « authentique ». Le présent n'est pas une dimension de l'existence où l'*ipséité* pourrait habiter. Quelle peut donc être l'implication de l'existentialisme dans la perte de la dignité de la vie de la nature ? La réponse à cette question est tributaire d'une observation que fait Jonas à l'endroit de Heidegger[8]. En effet, à côté du présent existential, il y a pareillement la présence des choses. Et s'agissant de celles-ci, elles peuvent être « zuhanden » ou « vorhanden ». La première expression renvoie aux choses *utilisables*, « reliées au "projet" de l'existence et à son "souci" » (*ibidem :* 235). La seconde désigne les objets *indifférents* qui sont simplement là, « se tenant devant moi » (*idem*). C'est à cette seconde catégorie de choses neutralisées

[8] Jonas tient à souligner que le Heidegger dont il fait mention ici dans sa réflexion est celui du *Sein und Zeit* et non le second Heidegger qui n'est pas existentialiste.

qu'appartient la nature. Elle est une chose muette dépouillée de la dignité de l'existence, simplement là, incapable de se projeter dans l'avenir et de se soucier de son existence. La nature est en dehors du mode *existential authentique* avenir-passé. L'homme jeté dans la nature n'en fait pas partie en tant que liberté. Il n'est pas une essence, un *en soi* comme la nature, mais une existence se projetant elle-même vers l'avant. L'existence du *Dasein* est reliée au « souci », à la pensée de la mort. Il est le seul être au monde qui se soucie de son existence et qui se sait mortel. La nature est au contraire *indifférente*. Il ne fait donc aucun doute que « cette dépréciation existentialiste du concept de nature reflète évidemment le dénuement spirituel de la nature entre les mains de la science physique [...]. Aucune philosophie n'a jamais été aussi peu préoccupée de la nature que l'existentialisme, pour lequel ne lui reste aucune dignité » (*idem*).

S'agissant du nihilisme, Jonas estime que sa racine se trouve dans l'affirmation nietzschéenne : « Dieu est mort ». En effet, par cette expression, Nietzsche veut signifier que le monde des valeurs (Dieu) n'a plus aucune valeur ; est mort. La « mort de Dieu » n'est alors rien moins que l'invalidation de la transcendance et par ricochet, la dévaluation du domaine des idées et des idéaux incarnés par ladite transcendance. S'il n'y a plus de transcendance, de valeurs absolues – le Beau, le Bien et le Vrai –, seule la volonté subjective de l'homme est désormais à même de s'imposer comme instance normative. D'où la *volonté de puissance* qui va s'exercer sur la nature ayant perdu sa valeur normative. Le nihilisme est donc une négation de l'idée d'être et surtout une vision de l'existence condamnée au *devenir*. Le présent perpétuel de l'être a cédé la place au devenir inconsistant qui s'ouvre sur le néant d'être, c'est-à-dire la mort (*ibidem :* 236).

La métaphysique dualiste est donc responsable de la « soustraction » de la vie au sein du monde. C'est pourquoi elle est enracinée dans l'expérience de la mortalité. Jonas fait remarquer que « *le dualisme* fut en effet le véhicule du mouvement qui mena l'esprit humain du monisme vitaliste des temps anciens au monisme matérialiste de notre temps comme à son résultat non prémédité, voire paradoxal » (2001 : 24). En effet, pour l'homme des temps anciens, la vie est omniprésente dans la matière. Il ignore ce qu'on appelle la matière « morte » puisque la vie inonde la totalité du monde. *Être* est ici synonyme d'*être en vie*. Par conséquent, la vie est dans le monde et le monde est dans la vie. Cette fusion entre la vie et les choses du monde correspond au *panvitalisme*. Cependant, la conception panvitaliste sera aux prises avec l'énigme de la mort. L'existence étant traversée de part en part par la dynamique de la vie, la mort se présente comme un « outrage "logique" » (*ibidem* : 20) infligé à l'expérience de la vie. L'homme trouve contradictoire que la mort soit intimement liée à la vie.

L'époque animiste est marquée par une *ontologie universelle de la vie* qui considère la mort comme un problème contredisant l'essence même de l'existence. Il en est autrement de l'époque moderne dans laquelle la mort est la *règle*, une « chose naturelle », et la vie l'*exception*, le « problème ». Sous l'influence des sciences physiques se développe une vision mécaniciste de l'existence sous-tendue par une « ontologie dont l'entité modèle est la pure matière, dépouillée de tous les traits de la vie. » (*ibidem* : 21). La matière *morte*, n'ayant pour simple propriété que l'*étendue*, est soumise à la mesure des sciences et des mathématiques. Pour l'esprit scientifique, le monde naturel, mathématisable et mesurable, n'abrite pas l'être. Le *panvitalisme* des temps anciens fait donc place au *panmécanisme* de l'époque actuelle qui se pose une question essentielle : comment peut-il exister la vie dans un monde de simple matière ? C'est en considérant l'étrangeté de la vie dans le monde mécanique que Jonas en arrive à la conclusion selon laquelle la science moderne repose sur une « ontologie universelle de la mort » (*ibidem* : 22).

Au fond, soutient Jonas (*ibidem* : 64-65), « L'avantage scientifique du dualisme était, en bref, que le nouvel idéal mathématique de la connaissance naturelle était mieux servi par la division claire et nette entre » la *res extensa* et la *res cogitans.* C'est ainsi que le dualisme cartésien accomplit l'expulsion complète des traits de l'*intériorité* dans la matière de manière à laisser à la science naturelle une substance mathématisable. Jonas résume la méthodologie du dualisme cartésien comme suit :

> Ici l'on avait une substance dont l'attribut est l'étendue, dont la connaissance est dès lors essentiellement sur le mode de la mesure et de la description mathématique ; et une autre substance entièrement séparée et indépendante, dont un attribut essentiel est la conscience (*cogitatio*) [...] L'isolement de la *res cogitans* fut la manière la plus efficace d'assurer le détachement ontologique complet de la réalité externe par rapport à ce qui n'était pas étendu et mesurable. Ainsi, outre qu'elle constituait cette réalité en champ indépendant pour l'application universelle de l'analyse mathématique, la division procurait la justification métaphysique du matérialisme total de la science moderne. (*Idem*)

Ainsi, l'opposition dualiste, en procédant « à un rehaussement des traits de la vie par leur concentration » dans le pôle de l'âme rationnelle ou de la conscience, participe plutôt « à une mise à mort des deux » pôles – corps-esprit, matière-conscience, extériorité-intériorité – « par leur séparation d'avec le centre vivant » (*ibidem* : 32). Par conséquent, le dualisme est philosophiquement impertinent quant à sa capacité à rendre entièrement compte du phénomène de la vie. Les monismes post-dualistes, notamment l'idéalisme et le matérialisme, « éludent la question chacun par son unilatéralité » (Foppa, 1993 : 175).

Chaque monisme est *partiel* – soit la matière, le corps ou le monde, soit l'esprit, l'âme ou la conscience – et aborde la question de l'être également d'un point de vue *unilatéral* – le monisme idéaliste privilégie l'esprit, tandis que le monisme matérialiste privilégie la matière. Or, comme le constate Carlo Foppa, chaque monisme ayant une méthode *sui generis*, « une phénoménologie de la conscience pour l'idéalisme et une physique de l'étendue pour le matérialisme », l'on observe qu'ils sont confrontés à deux difficultés quasi insurmontables : « le problème de la conscience dans le monisme matérialiste, et celui de la chose en soi dans la perspective moniste idéaliste » (*idem*). S'agissant par exemple de la question « qu'est-ce que l'être ? », les monismes post-dualistes ne peuvent donner une réponse sans toutefois mettre en péril l'unité même de l'être, sans disloquer la vie en pôles opposés. Ainsi,

> tant que l'on essaie de répondre à cette question sur la base d'une ontologie dualiste, on est condamné à perdre un aspect essentiel de l'être, car, à partir de Descartes, il ne s'agit plus d'analyser essentiellement la *res extensa*. L'ontologie qui se dégage de la science moderne est une ontologie dont le seul objet d'analyse est la pure matière qui doit s'expliquer sur la base du mécanisme (*ibidem* : 180).

Il y a incontestablement une gnose latente dans les sciences modernes qui consiste à dépouiller la matière ou l'organisme de tous les prédicats de l'intériorité – buts, fins, intérêts, valeurs, etc. – pour ne laisser subsister qu'une chose *sans vie* axiologiquement neutre, vide de toute signification et expliquée exclusivement sur la base des mathématiques et des lois mécaniques de la physique. Dès lors, peut-on encore trouver la vie dans le « monde sans vie » ? Si oui, comment Jonas rend-il compte de cette vie dans un univers dominé par une ontologie de la mort ? La philosophie de la vie est la solution que propose le penseur allemand pour faire face à la théorie mécaniciste qui innerve la représentation scientifique moderne de l'homme et du monde.

2. La philosophie de la vie : une négation permanente de la mort

Selon Sabine Cornille et Philippe Ivernel, Jonas est le type même de penseur qui mène une « réflexion plurielle, où le biologique, l'historique et le métaphysique échangent leurs signes. Il s'agit là, autrement dit, d'un faisceau d'études et d'hypothèses qui ont trait à ce qu'on pourrait appeler "le principe Vie" » (2000 a : 7). Jonas peut donc, à juste titre, être considéré comme le *philosophe de la vie* en ce sens qu'il entend rendre compte et protéger la vie qui tend à s'éclipser avec le déploiement de la rationalité technicienne[9]. Cette philosophie de la vie est marquée par la rencontre du *phénomène* – l'organique, la matière, le monde, la substance étendue – et de la *vie* – l'esprit, la conscience, la substance pensante. Il s'agit précisément d'un *monisme ontologique* faisant la synthèse de la philosophie de l'organique et de la philosophie de l'esprit. La démarche jonassienne consiste en effet « à se frayer un chemin aux confins anthropocentriques de la philosophie idéaliste et existentialiste aussi bien qu'aux confins matérialistes de la science naturelle. » (Jonas, 2001 : 9) En refusant d'assumer le « non-interactionnisme » (Jonas, 2000 c : 10) du dualisme cartésien et l'épiphénoménisme scientifique – le psychique est en soi incapable d'agir sur le physique qu'il ne fait qu'accompagner –, le philosophe allemand affirme par là même que la vie est tout entière vécue dans l'interaction de l'esprit et de la matière – la

---

[9] C'est dans cette logique qu'il faut comprendre ce propos de Catherine et Raphaël Larrère (2009 : 239) : « Identifiant mécanisme et science, et rendant donc celle-ci incapable d'une connaissance des fins et de leur unité, Hans Jonas développe une biologie métaphysique, ou une métaphysique de la vie, dont le principe est que « la fin comme telle est domiciliée dans la nature ». »

« totalité psychophysique ». D'après une analyse de Nathalie Frogneux (2000 c : 14), Jonas opte pour

> [...] une voie ontologique médiane, que l'on pourrait qualifier de monisme polarisé, c'est-à-dire une ontologie capable de faire droit à la fois à la "dignité" humaine et à sa "condition" naturelle, en distinguant nettement le monde et l'homme qui ne peuvent être ni séparés ni définis comme contraires. Dans ce contexte, la "dignité humaine" semble reposer sur une dualité suffisante pour ne pas réduire l'homme au monde inerte et vivant, tout en évitant pourtant la radicalité d'un dualisme qui rendrait vaine l'action de cet être.

Si Frogneux qualifie l'ontologie de la vie jonassienne de « monisme polarisé », c'est parce que la vie est essentiellement perçue par le penseur allemand en termes de relations, de polarités telles que l'*être* et le *non-être*, le *soi* et le *monde*, la *liberté* et la *nécessité*, la *forme* et la *matière*. Ces formes de polarité impliquent une « transcendance » qui n'est rien moins qu'un « aller-au-delà-de-soi » du vivant qui entretient ladite polarité. Une telle « transcendance », entretenue par les polarités, est « à la base même de la vie dans toute forme pré-mentale que ce soit » (Jonas, 2001 : 16). Et de toutes ces polarités, Jonas affirme que c'est celle de l'*être* et du *non-être* qui est fondamentale, dans la mesure où la vie est affirmée au quotidien au terme d'un *effort* de négation du non-être.

Du moment où l'existentialisme contemporain « refuse au monde organique la pénétration de vue qu'est censée enseigner la prise de conscience de soi » (Jonas, 2001 : 9) d'une part, et que la biologie scientifique d'inspiration positiviste, fondée sur les faits *extérieurs* physiques, ignore la dimension *intérieure* de la vie, d'autre part ; le philosophe de la vie se propose alors de faire une interprétation « existentielle » des faits biologiques. En partant du corps vivant humain, qui représente une totalité psychophysique complexe[10], Jonas veut élucider et comprendre l'origine, la trajectoire et la finalité de la vie. Ainsi,

> Les grandes contradictions que l'homme découvre en lui-même – la liberté et la nécessité, l'autonomie et la dépendance, le soi et le monde, la relation et l'isolement, la créativité et la mortalité – ont leurs traces rudimentaires dans les formes de vie même les plus primitives, chacune en équilibre précaire entre être et non-être, et chacune déjà dotée d'un horizon interne de "transcendance". (*Idem*)

Alors que la méthode classique de la science consiste à partir du plus simple – la base organique inférieure – pour expliquer le plus complexe – l'esprit supérieur –, Jonas adopte plutôt une « démarche régressive » (Donneley, cité par Foppa, 1993 : 183) consistant à comprendre l'*inférieur* à partir du *supérieur*, car, dit-il, « l'organique, même dans ses formes les plus inférieures, préfigure l'esprit, et l'esprit, même dans ce qu'il atteint de plus haut, demeure partie intégrante de l'organique » (Jonas, 2001 : 13). En d'autres termes, l'être humain étant le produit le plus hautement finalisé de l'évolution[11], il est également logique d'expliquer la simple matière élémentaire en procédant par une *soustraction ontologique progressive* – de l'humain à

---

[10] Selon Jonas (2001 : 34), « Peut-être, si on l'entend correctement, l'homme est-il après tout la mesure de toute chose – non pas il est vrai par la législation de sa raison, mais de par le modèle constitué par sa totalité psychophysique qui représente le maximum de complétude ontologique connue de nous ».

[11] Dans sa biologie philosophique, Jonas recourt à la théorie de l'évolution pour montrer que l'homme et l'animal ont une même base ontologique. Foncièrement anticartésien, l'évolutionnisme admet l'existence d'un *continuum* ontologique entre l'homme et le monde animal. Il y a une *continuité* qui va de l'amibe à l'homme, des organismes préhumains ou infrahumains à l'humain. Seulement, ceci ne signifie pas que la subjectivité présente dans le monde vivant a la même intensité et consistance ontologiques que celle qui se manifeste en l'homme. Cette subjectivité est présente à des degrés divers de l'évolution et se diffuse de l'organisme le moins évolué au plus évolué.

l'infrahumain. La vie est donc hiérarchisée suivant un ordre ascendant, une progression taxinomique des facultés et des fonctions qui va de l'inférieur au supérieur, de la matière élémentaire à la conscience, des organismes infrahumains à l'homme. À cet effet, l'homme, qui représente le « maximum de complétude ontologique », n'est que le résultat finalisé de la totalité du mouvement dynamique de l'inférieur. Le supérieur *dépend* de l'inférieur, et la conséquence de cette *dépendance ontologique* est la *conservation* au niveau supérieur de l'inférieur. À ce stade de réflexion, il convient de montrer comment la vie, qui se complexifie au fur et à mesure sur une échelle ascendante pour atteindre sa plénitude en l'homme sous la forme de la conscience, de l'esprit ou de la liberté, a pu jaillir dans le « monde sans vie ».

La vie se manifeste dans la matière à travers le métabolisme qui est le « niveau fondamental de toute existence organique » (Jonas, 2001 : 14). L'activité métabolique est ce procès onto-biologique à partir duquel l'organisme – animal humain et non humain – échange la matière avec son milieu. À travers l'absorption et la digestion de la matière environnante, l'organisme commet ainsi l'*effort* de persévérer dans son être au quotidien. Cependant, le métabolisme est plus qu'une simple production de l'énergie pour la survie de l'organisme. Il est davantage ce « mode total de continuité » (*ibidem* : 86) au travers duquel l'organisme assure lui-même incessamment son devenir. Il s'agit d'un mode d'*autoperpétuation* ou d'*autoreproduction* continuelle de l'organisme en vue d'affirmer son *existence* qui est la *fin* pour laquelle elle *existe* – l'organisme *existe* pour *exister*. Le métabolisme est donc la vie même, l'acte par lequel l'organisme accomplit le *devenir*. Or l'animal-machine, dans la théorie mécaniciste cartésienne, ne peut ni poser des fins ni accomplir ce devenir, puisqu'il n'y a pas justement en lui cette lueur d'*intériorité* qui lui permettrait de sentir, de désirer, de percevoir, etc. Dans l'activité métabolique se rencontre la vie ou l'existence qui est valeur, finalité et, par conséquent, un « bien » suprême qu'il faut protéger contre le nihilisme technoscientifique. Finalement, le métabolisme manifeste la liberté[12] de l'être organique. Il « est lui-même la première forme de liberté » (*ibidem* : 14). Cette dernière représente le « principe d'approbation » (Jonas, 2000 b : 51) d'après lequel chaque vie adresse un *oui* à la vie en signe d'auto-préservation pour échapper à la mort, au non-être. Jonas nous édifie sur le fonctionnement de ce principe en ces termes :

> la vie acquiesce à elle-même exclusivement en vertu de sa volonté indéracinable de rester en vie, autrement dit en luttant pour l'existence. Cet acquiescement général de la nature à elle-même se révèle dans la vie et dans les sentiments subjectifs, tels que la peur, l'angoisse et l'effort – et, chez l'homme, il atteint à nouveau son apogée dans la conscience et dans la liberté. C'est alors qu'apparaît la possibilité de la responsabilité dans le monde. (*Ibidem* : 51-52)

La conscience et la liberté représentent donc l'actualisation de cette lueur d'intériorité qui a commencé à germer dans les profondeurs de la nature. L'apparition de ces deux instances élargit, de fait, l'horizon du *savoir* de l'homme avec pour corrélat immédiat l'accroissement du *pouvoir* lui permettant d'agir sur lui-même et la nature. Seulement, cette capacité d'action de l'homme, qui s'exprime aujourd'hui principalement sous le paradigme de la technologie, est assortie du principe responsabilité. Le *pouvoir de faire* – la liberté – de l'homme est consubstantiel

---

[12] Dans l'organisme, le phénomène métabolique établit la rencontre entre la *nécessité* et la *liberté*. D'une part, il y a *nécessité* pour l'organisme d'ingérer les matériaux disponibles dans son milieu afin de perdurer – le « devoir » d'être – et *liberté* d'affirmer sa propre identité face à ces mêmes matériaux en tant qu'il est une matière permanemment en train d'actualiser son existence, d'autre part – le « pouvoir » de le faire.

à son *devoir de prévoir* – la responsabilité – et d'ausculter les conséquences de son agir technoscientifique sur le monde de la vie. La responsabilité n'a de sens qu'en liaison avec la subjectivité. En ce sens, c'est parce que la subjectivité libre s'exprime que le sujet peut poser des actes. L'agir technologique de même que la maîtrise éthique de ses dérives relèvent donc d'un certain usage de la subjectivité[13]. Nathalie Frogneux fournit de très intéressantes analyses au sujet du rapport entre la puissance de la subjectivité et la responsabilité lorsqu'elle affirme :

> Si la subjectivité est impuissante dans le monde, le questionnement éthique de nos actes est vain ; si, en revanche, le sujet peut agir librement, il sera responsable de ses actes. [...] Dès lors, les problèmes éthiques spécifiques à la civilisation technologique contemporaine ne peuvent être étudiés indépendamment de la condition cosmologique de la liberté. Si l'éthique engage désormais et de façon inédite la maîtrise (responsable) de la maîtrise (technologie qui s'autonomise), c'est que la liberté d'action n'est pas une pure illusion. (2000 c : 9)

Jonas entend préserver la vie qui est loin d'être axiologiquement neutre. Pour ce faire, il élabore une éthique qui s'enracine dans l'ontologie de la vie. La responsabilité humaine trouve toute son amplitude de signification dans la vie même qu'elle se doit de protéger contre la puissance de la subjectivité. C'est cette vie devenue *valeur* qui *interpelle* l'humanité pour qu'elle *se soucie* ou *prenne soin* d'elle.

---

[13] La *puissance* est la conséquence de la *liberté* et celle-ci à son tour, a des obligations comme condition d'existence. Si la liberté humaine se manifeste à travers la puissance technoscientifique, elle risque cependant de s'autodétruire en l'absence de limites bien définies. Jonas (2000 b : 146) constate que « Notre puissance nous a rendus plus libres, et cette liberté comporte précisément ses obligations, de façon unilatérale cette fois-ci, il est vrai. Du fait qu'elle accompagne d'une même allure les actions engendrées par notre puissance, notre obligation s'étend désormais à la terre tout entière et au lointain futur. »

3. La vie comme articulation de l'éthique à l'ontologie

Jonas, le philosophe de la vie, plaide profondément en faveur d'une responsabilité humaine face à la vie parce que la puissance de la technique démesurément accrue menace pour la première fois « la *présence* de l'humanité sur terre en tant qu'humanité » et rend « *possible* la fin de l'homme » (Pommier, 2013 : 492-493). L'éthique traditionnelle qui s'occupe uniquement des relations homme-homme dans l'unité temporelle du présent, ne peut pas efficacement prendre en charge les nouvelles transformations de l'agir humain induites par la technologie. Cette éthique s'occupe davantage du *prochain* immédiat, notamment l'homme, que du *lointain*, c'est-à-dire le monde naturel et les générations futures. Jonas rend compte de la « nouvelle "profondeur" de nos interventions » dans le monde de la vie à travers le propos ci-dessous que nous ne résistons pas à citer longuement :

> La technique prémoderne tout entière était macroscopique, comme l'étaient également les instruments anciens ou comme l'est aujourd'hui encore la machine. En manipulant des grandeurs relatives au monde corporel visible, la technique se tenait encore pour ainsi dire à la superficie des choses. Depuis, elle a pénétré jusqu'au niveau moléculaire : elle peut désormais le manipuler, et créer à partir de là une matière qui n'avait pas existé, modifier les formes de la vie, libérer des forces. [...] C'est à partir des tréfonds de la nature que la technique gouverne le niveau supérieur et, à partir de l'infinitésimal, qu'elle gouverne ce qui est immense. Cette capacité à créer au "cœur" même des choses implique l'apparition de nouveaux dangers, liés à la nouvelle puissance. L'un d'entre eux consiste à charger l'environnement de substances dont son métabolisme ne peut pas venir à bout. [...] Et, dans la biologie moléculaire, on voit apparaître la tentative prométhéenne de bricoler notre propre "image" à partir d'une amélioration de l'embryon. (2000 b : 145)

La menace *damocléenne* inédite que fait peser la puissance technoscientifique sur la vie requiert ainsi une nouvelle éthique dont le principe matriciel est la responsabilité. Et comme le relève à juste titre Guchet (2014 : § 10), la technologie moderne oblige l'homme à s'approprier la redoutable question métaphysique « pourquoi doit-il y avoir une humanité et même la vie en général ? » Cette question trouve toute sa pertinence dans l'éthique jonassienne eu égard au fait que la technologie moderne constitue aujourd'hui une réelle menace pour la vie elle-même. Jonas entend donc « justifier moralement les raisons pour lesquelles la vie doit être préservée » (*idem*). Guchet résume le schéma réflexif qui amène Jonas à fonder l'éthique sur la vie et à préserver cette même vie à partir d'une éthique de la responsabilité dans le propos suivant :

> Si l'éthique dont nous avons besoin à l'ère de la technologie moderne doit être fondée dans la philosophie de la vie, c'est que la vie est menacée d'exténuation par la technologie moderne et que pour la défendre, il faut avoir préalablement justifié que la vie est en elle-même porteuse d'une valeur intrinsèque. (*Idem*)

Dans ce sens, le premier impératif de l'éthique de la responsabilité exige qu'une *humanité soit* (Jonas, 1998 : 95). Cet impératif est une « *idée* ontologique » qui commande de ne pas mettre en péril l'essence et l'existence de l'humanité dans nos paris technologiques, mais de veiller à la préservation de l'*idée de l'homme*. Le second impératif se rapporte au *comment* de l'existence et stipule que l'*homme doit vivre humainement*. L'obligation première d'*être-là* des humains à venir est donc prolongée par l'obligation seconde de favoriser leur *être-ainsi*. Autrement dit, il ne suffit pas qu'une *humanité soit* – l'*être-là* – ; il faut encore, dans l'avenir, la présence de véritables êtres humains capables d'éprouver le sentiment de responsabilité – *être-ainsi* –, car, note le penseur de la vie, « seule l'idée de l'homme, en nous disant pourquoi des hommes doivent être, nous dit en même temps comment ils doivent être » (*idem*).

Toujours dans le souci de montrer que la vie possède un coefficient de valeur supérieur au non-être, Jonas reprend à son propre compte la célèbre question de Leibniz : « Pourquoi y a-t-il quelque chose plutôt que rien ? » Cette question, qui évoque la supériorité de l'être sur le néant, n'est pas séparable de la religion ou de la foi qui voit dans l'existence du monde l'« affaire du jugement divin » – Dieu a créé le monde parce « que cela était bon » (*ibidem* : 102). L'explication religieuse du *devoir-exister* de l'humanité n'étant pas indépendante de « toute thèse concernant son auteur » (*ibidem* : 102), Jonas opte pour une justification séculière en s'appuyant sur la raison qui constitue le fondement de la métaphysique. Dans l'éthique de la responsabilité, l'interrogation leibnizienne prend désormais le sens de « cela vaut-il la peine d'être ? »[14] Le *pourquoi* – causalité – leibnizien devient un *pour quoi* – finalité. Jonas explique cette conversion : « Le sens de la question, pourquoi il y a quelque chose et non rien, doit donc être celui-ci : pourquoi quelque chose *doit* être de préférence au rien, quelle que soit la cause qui fait qu'elle advient. La seule chose qui importe c'est le sens de ce « doit » (*ibidem* : 104). Le « doit » être exprime le choix perpétuel de l'être pour lui-même. Face au non-être qui fait pourtant partie de son essence, l'être doit constamment affirmer son être pour continuer à être à travers l'acte de la conservation de soi – l'« auto-affirmation de l'être » (*ibidem* : 162). Le « oui » ontologique à la vie devient la tâche permanente du vivant à travers le métabolisme.

Ainsi, l'homme n'a pas le *droit* de faire *tout* ce qu'il a le *pouvoir* de faire. L'appel à la retenue, à la prudence et à la

---

[14] En d'autres termes, se demande Jonas, « Pourquoi, d'une manière générale, doit-il y avoir un "après", c'est-à-dire, dans notre cas, une humanité sur terre, ou encore pourquoi doit-il y avoir de la vie ? » (2000 b : 147).

responsabilité lui vient de l'être. Il s'agit de préserver ce qui « est ». Et ce qui « est » est l'existence, c'est-à-dire la vie. L'impératif jonassien qui ordonne qu'une *humanité soit*, donne l'impression que l'être humain fonde l'éthique de la responsabilité. Mais à la vérité, celle-ci est plutôt fondée sur une ontologie qui n'est pas anthropocentrée. Carlo Foppa (1993 : 188-189) justifie le refus de l'anthropocentrisme dans l'éthique jonassienne à partir de deux raisons : l'une méthodologique et l'autre de prudence. S'agissant de la première raison, il faut remarquer que l'éthique se dit par l'homme. Ce dernier est le garant de la responsabilité, mais ne garantit pas son fondement qui est plutôt assuré par l'être. La démarche de Jonas est logique : « si déjà son ontologie – qui fonde l'éthique – part de l'être humain sans être anthropocentrée *a fortiori*, son éthique qui ne part pas de l'homme, mais de l'être ne sera non plus anthropocentrée. » (*Ibidem* : 188) La seconde raison vise à éviter le relativisme éthique. En effet, si l'éthique est fondée sur l'être humain, elle risque de devenir la mesure d'une volonté subjective. L'absence d'une source objective des valeurs a pour conséquence le subjectivisme axiologique puisque c'est l'homme qui définit lui-même ses propres valeurs.

Afin d'échapper à ce relativisme éthique, Jonas s'appuie sur l'ontologie pour démontrer que l'homme n'est pas la mesure des valeurs, mais que celles-ci existent déjà dans l'être indépendamment de toute convention entre les humains. L'*être* est la source du *devoir-être*. Jonas subordonne donc l'*axiologie* à l'*ontologie*, pour reprendre une formule de Ricœur (1992 : 311-312). Le *devoir-être* – l'éthique – repose incontestablement sur l'*être* – la métaphysique. Dès lors, « le premier principe d'une « éthique du futur » ne se trouve pas lui-même *dans* l'éthique en tant que doctrine du faire [...], mais dans la *métaphysique* en tant que doctrine de l'être dont l'idée de l'homme forme une partie. » (Jonas, 1998 : 96) L'ontologie a ainsi « le pouvoir de procurer un fondement à l'obligation » (Jonas, 2001 : 282). Si l'organique préfigure l'esprit lequel demeure, en dépit de son auto transcendance, partie intégrante de l'organique qui est lui-même une continuité de la nature ; alors, l'éthique devient également une partie intégrante de la philosophie de la vie (*ibidem* : 281). C'est pourquoi « une philosophie de l'esprit comprend une éthique » (*idem*).

Les effets cumulatifs et irréversibles de la technologie moderne sur la vie exigent une *autolimitation*, c'est-à-dire une *responsabilité totale* qui soit à la mesure de notre *pouvoir total*. Seulement, la technologie qui menace de fragmenter l'unité structurelle de la vie est-elle véritablement *en dehors* de cette vie ? Ne faut-il pas également considérer cette technologie comme un adjuvant de la vie ? Et cette vie censée fonder ontologiquement l'éthique est-elle toujours porteuse d'une charge positive ?

4. Discussion de quelques observations critiques sur la philosophie de la vie et l'éthique de la responsabilité

Jonas met en exergue la capacité qu'a l'homme d'aujourd'hui d'intervenir sur la matière dans des ordres de grandeur inconnus de la technique prémoderne. Seulement, il se borne à montrer qu'en serrant la vie dans son intimité, la technologie pourrait libérer des forces susceptibles d'anéantir l'humanité. Or, selon Guchet, la technologie moderne apparaît aussi comme ce mode de dévoilement de la vie. En réalité, la créativité technologique atteste de la capacité humaine à agir sur la matière et à aménager le monde. Aussi, faut-il voir en elle, en dépit de son ambivalence, la continuation de l'aventure de la vie. Autrement dit, la technologie n'est pas seulement un moyen qui assure la survie de l'humanité, elle est la vie même (Guchet, 2014 : § 21). La critique qu'élabore Guchet s'appuie sur la paléoanthropologie qui saisit la technique « comme un fait biologique ayant une signification majeure dans le processus par lequel la vie s'est faite vie humaine » (*ibidem* : § 22). Ainsi, le médecin et anthropologue Paul Alsberg développe une conception originale de l'hominisation qui s'oppose à l'idée répandue selon laquelle, au cours de ce processus, l'homme était dépourvu de ressources et obligé d'acquérir des outils pour survivre. Pour l'anthropologue, l'homme est un primate adapté à son milieu qui utilise occasionnellement des objets comme outils. C'est à cause de l'efficacité d'éclats de silex que l'homme est amené à fabriquer intentionnellement les outils. La fabrication et l'utilisation des outils réduisent donc progressivement l'équipement naturel de l'homme et donnent l'impression qu'il est démuni. Il apparait alors, d'après la théorie d'Alsberg, que « l'homme ne s'est pas outillé pour compenser une nudité constitutive, il s'est « débarrassé » de ses attributs dès lors qu'il a adopté un mode de confrontation à la matière fondé sur la fabrication d'artefacts extériorisés » (*ibidem* : § 32). Autrement dit, l'outil en tant qu'expression de la technique, n'est pas extérieur à la vie, mais représente « le mouvement par lequel la vie s'est faite vie humaine » (*idem*). Bergson (1932 : 334) nous conforte dans cette posture réflexive lorsqu'il déclare :

> Si nos organes sont des instruments naturels, nos instruments sont par là-même des organes artificiels. L'outil de l'ouvrier continue son bras ; l'outillage de l'humanité est donc un prolongement de son corps. La nature, en nous dotant d'une intelligence essentiellement fabricatrice, avait ainsi préparé, pour nous, un certain agrandissement.

En considérant les artefacts comme le moteur de l'évolution de l'homme, Guchet, à la suite de Bergson, inscrit la technique au cœur même de la vie, là où Jonas l'entrevoit uniquement sous le signe de la menace pour la vie. Même si la technique est coupée de la vie et susceptible de se retourner contre cette dernière, il reste que la « tension de la vie et de la non-vie [se déroule] au sein de la vie elle-même » (Guchet, 2014 : § 11).

Chatué (2015 : 209) à son tour, souligne les apories de la philosophie de la vie du penseur allemand, notamment lorsqu'il fait remarquer que ce dernier recourt à la théorie scientifique de l'évolution pour expliquer ses présupposés métaphysiques. De l'avis de l'épistémologue camerounais, la science ne devrait pas se donner des problèmes ontologiques. Or, chez Jonas, la science est mise au service de la biologie philosophique dans le but de lui donner un objet plus général à savoir l'être sur lequel est fondée l'éthique en tant qu'« obligation normalisatrice à vocation universelle. » Chatué relève que la perspective universaliste de l'éthique, en tant qu'elle est fondée sur l'être, ruine toute approche « transculturelle des normes et particulièrement des normes éthiques » (*ibidem :* 210). En effet, vouloir ériger des normes qui transcendent les particularismes culturels, dans le but d'échapper au subjectivisme moral et aux autres formes de relativisme, peut conduire à un « nouveau diktat », à un « nouveau totalitarisme » (*idem.*) À cette critique, Jonas répondrait, comme nous l'avons sus-montré que le fondement ontologique de l'éthique de la responsabilité a l'avantage d'être objectif, car ce ne sont ni la volonté du soi ni les valeurs sociales qui fondent l'obligation, mais l'être ultimement. Cette approche « fondationelle » de l'éthique permet de trouver un principe universel de telle sorte que « le dernier homme d'une humanité mourante, dans sa solitude finale, pourrait encore lui conserver la foi. » (Jonas, 2001 : 282)

Dans la suite de sa réflexion critique, Chatué relève aussi la « logique sotériologique » de l'éthique jonassienne qui s'exprime dans son engagement à « sauver » l'humanité du péril contenu dans la dynamique de succès illimités de l'activité scientifique et technologique. L'allure sotériologique du principe responsabilité efface, d'après lui, les frontières entre l'éthique et la religion et aboutit, en dernière instance, à « une laïcisation de la religion judéo-chrétienne ». Ladite laïcisation, teintée d'immanentisme, conforte un « monisme spiritualiste » qui fonde lui-même un « monisme éthique ». Ce monisme spiritualiste « ne peut plus alors se justifier d'un monisme épistémologique, car rien ne prouve que l'histoire de la vie soit *une*, et en particulier que la vie humaine tienne d'une histoire en tout point identique à celle des formes de vie non humaines. » (Chatué, 2015 : 210-211).

Si Chatué voit dans l'entreprise jonassienne une laïcisation de la religion judéo-chrétienne, Mann (1993) y voit plutôt l'expression même du sacré religieux. D'après cet auteur, l'entreprise fondationelle de l'éthique jonassienne est « dogmatique », « basée sur le sacré » et susceptible de n'être pas « acceptée indépendamment des convictions philosophiques ou religieuses de chacun » (*ibidem* : 239). Mann pense que les arguments utilisés par Jonas pour fonder son éthique ne sont pas laïcs et universels. Certaines formules tirées du principe responsabilité se rapportent au champ sémantique du sacré : « le rétablissement de la catégorie du sacré », « le salut ou le malheur », « le caractère sacré de la vie », « la menace de catastrophe contenue dans l'idéal baconien », etc. (*Ibidem* : 240) Ces connotations religieuses n'ont pas la force argumentative nécessaire pour légitimer des normes valables pour tous. Dans son entreprise fondationnelle, Jonas, relève Mann, a voulu échapper à une difficulté majeure : soit l'éthique repose sur une base rationnelle et la référence au sacré est inutile, soit elle est fondée sur le sacré et elle n'est pas universelle. Pour contourner la difficulté, le penseur de la responsabilité souligne que le sacré dont il est question peut être accepté sans la moindre référence à la religion positive.

Relativement au caractère sotériologique de l'éthique jonassienne et au rôle du sacré dans sa fondation, des clarifications s'imposent. Pour sauvegarder l'image de l'homme contre l'hybris du pouvoir technologique, Jonas recourt à la métaphysique, laquelle est susceptible de fonder l'impératif qui exige que l'*humanité soit.* Seulement, hormis la métaphysique, la théologie est également capable de fonder cet impératif, car elle peut nous dire *pourquoi* les hommes qui sont une émanation de l'*image de Dieu* existent. Jonas est cependant sceptique quant à la capacité de la théologie à donner un fondement à son éthique[15]. La théologie exige de disposer de la foi ; or celle-ci n'est pas universelle, puisque seuls quelques êtres humains en disposent. Le philosophe allemand fait d'ailleurs remarquer que la foi « n'est pas disponible sur commande » (1998 : 98). La foi n'étant pas alors « disponible sur commande », encore moins partagée par tous les êtres humains, il reste que ceux-ci, en principe, disposent de la raison. Selon une réflexion de Foppa,

> Jonas préfère faire appel à la raison, qui constitue le fondement de la métaphysique, alors que la foi serait le soubassement de la théologie [...]. Il veut donc dépasser, d'une certaine manière, le stade théologique de l'éthique et fonder le bien en raison ; c'est dans ce but qu'il aboutit à la nécessité de la métaphysique (1993 : 171).

Revenons une fois de plus aux arguments critiques développés par Chatué. Ce dernier note qu'il est difficile de fonder une éthique unique sur la vie de la nature, « car rien ne prouve que la nature porte un message axiologique unique et univoque, susceptible d'induire une éthique

---

[15] Le respect de la vie humaine doit être indépendant de toute conception religieuse de telle sorte que même un athée puisse se reconnaître dans ce principe : « j'estime qu'il est nécessaire que l'éthique soit indépendante de toute profession de foi déterminée. Les obligations et les responsabilités doivent être justifiées de telle manière qu'elles puissent être reconnues, même par un athée. » (Jonas, 2000 b : 95)

maximale. » (Chatué, 2015 : 211) Cette remarque se justifie par le fait que la nature dans laquelle se déploie la vie n'est pas l'*ens perfectum* – l'être parfait – par excellence. Elle n'est pas, bien entendu, affectée d'une charge axiologique unique et univoque, car elle est capable du meilleur comme du pire. Peut-on alors déceler chez Jonas l'absence d'une différenciation critériologique induisant une *identité métaphysique* entre tous les êtres vivants – indistinctement, tous doivent *être* –, laquelle aboutirait à son tour à une *identité axiologique* – tous les êtres vivants ont la même *valeur* ? Faut-il par exemple, préserver la vie des virus responsables des affections pourtant nocives à la survie de l'humanité ? Comment pourrait-on affecter le même coefficient axiologique à la vie du virus et à celle de l'humanité ?

En fait, Jonas se situe sur un plan purement ontologique et non pragmatique. Dans une perspective pragmatique, si les intérêts de l'humanité et ceux des autres vivants entrent en conflit, la priorité est accordée aux intérêts de l'homme. Jonas reconnait lui-même que

> Dans le choix entre l'homme et la nature, tel qu'il se pose toujours à nouveau dans chaque cas particulier de la lutte pour l'existence, l'homme vient sans doute toujours en premier et la nature même une fois admise sa dignité, doit lui céder le pas, ainsi qu'à sa dignité supérieure. (1998 : 262)

Conclusion

La philosophie de Jonas s'enracine dans la vie qui est aussi l'objet de l'éthique de la responsabilité. Cette vie prend son essor dans les organismes infrahumains avec le métabolisme, se diversifie en suivant une échelle ascendante, pour atteindre son maximum de complétude ontologique en l'homme sous la forme de la conscience et de la liberté à partir desquelles la créativité technoscientifique est possible. La liberté traduit ainsi la puissance de la subjectivité humaine, notamment sa capacité à s'approprier le réel, à manipuler la matière, à libérer les forces qui sommeillent dans les tréfonds de la nature, à modifier la vie et même à en créer d'autres formes. Si Jonas élabore « une éthique pour la civilisation technologique » fondée sur la philosophie de la vie, c'est parce que la vie qui est elle-même porteuse d'une valeur intrinsèque est menacée d'extinction par la technologie moderne. Par conséquent, l'homme qui a le *pouvoir* d'agir sur lui-même et la nature, a également le *devoir* de préserver les conditions pour la possibilité future de la vie sur Terre. La puissance technoscientifique menaçante dévoile la fragilité de la vie qui, à son tour, *interpelle* l'homme pour qu'il s'occupe d'elle. Il ne s'agit pourtant pas de protéger uniquement la vie humaine, mais de veiller également sur la nature qui assure notre *complétude existentielle* et dont l'homme est le vivant le plus éminent. La phénoménologie de la vie nous montre que l'homme et l'animal ont une même base ontologique et qu'au lieu de percevoir entre eux une *discontinuité*, comme l'ont relevé Descartes et plus tard la science moderne, il faudrait plutôt admettre une filiation, une *continuité* qui rattache l'homme, l'esprit, au monde animal, à l'organique.

Jonas nous fait aussi comprendre que « la vie est mortelle » (2001 : 16). Le fait qu'elle porte en elle la mort est une contradiction fondamentale qui appartient à sa propre nature. L'atome est par exemple constant, résistant, durable et identique à lui-même. Il ne cherche pas à affirmer son être, à se conserver. Contrairement à l'atome, l'être organique a *besoin* d'une interaction avec son milieu. Il est périssable et se nourrit pour s'auto-conserver et échapper au non-être. Le besoin de se nourrir, de vivre, de se préserver, etc., devient pour l'animal, et tout organisme vivant en général, un *souci*. Et c'est ce souci constant pour la vie qui devient la valeur pour laquelle nous devons exercer notre responsabilité. Être responsable de la vie, c'est donc utiliser notre pouvoir technoscientifique en se faisant du *souci* qui est plus exactement l'obligation de préserver toutes les relations vitales que nous partageons avec d'autres vivants au sein de la nature.

Références bibliographiques

Bergson, Henri (1932), *Les Deux sources de la morale et de la religion*, Paris, Librairie Félix Alcan.

Chatué, Jacques (2015), « Sur le versant épistémologique de l'argumentaire éthique : lecture comparée de *L'évolution créatrice* d'Henri Bergson et du *Phénomène de la vie* de Hans Jonas », *in* Ebénézer Njoh-Mouelle et Émile Kenmogne (éds), *Vie et éthique, de Bergson à nous*, Paris, L'Harmattan, pp. 199-212.

Cornille, Sabine et Ivernel, Philippe (2000 a), « Présentation » de *Évolution et liberté*, traduit de l'allemand et présenté par Sabine Cornille et Philippe Ivernel, Paris, Rivages Poche/Petite bibliothèque.

Courtine-Denamy, Sylvie (2000 b), « Avant-propos » à *Une éthique pour la nature*, édité par Wolfgang Scheiner, traduction à partir de l'allemand, avant-propos et notes de Sylvie Courtine-Denamy, Paris, Desclée de Brouwer.

Foppa, Carlo (1993), « L'être humain dans la philosophie de la biologie de Hans Jonas : quelques aspects », *in* Gilbert Hottois et Marie-Géneviève Pinsart (coordination scientifique), *Hans Jonas. Nature et responsabilité*, Paris, J. Vrin, pp. 169-189.

Foppa, Carlo (1994), « L'analyse philosophique jonassienne de la théorie de l'évolution : aspects problématiques », *in Laval théologique et philosophique*, 50, 3, pp. 575-593.

Frogneux, Nathalie (2000 c), « Présentation » de *Puissance ou impuissance de la subjectivité ? Le problème psychophysique aux avant-postes du Principe responsabilité*, trad. de l'allemand par Christian Arnsperger, revue et présentée par Nathalie Frogneux, Paris, Cerf, coll. « La nuit surveillée ».

Guchet, Xavier (2014), « L'homme, la technique et la vie dans la philosophie de Hans Jonas », *Alter* [En ligne], 22 | 2014, mis en ligne le 01 décembre 2017, consulté le 19 avril 2019. URL : http://journals.openedition.org/alter/295 ; DOI : 10.4000/alter.295.

Jonas, Hans [1966] (2001), *Le Phénomène de la vie. Vers une biologie philosophique*, trad. D. Lories, Bruxelles, De Boeck Université, collection « Sciences, Éthique, Société ».

Jonas, Hans [1973] (2000 a), *Évolution et liberté*, trad. Sabine Cornille et Philippe Ivernel, Paris, Payot-Rivages.

Jonas, Hans [1979] (1998), *Le Principe responsabilité. Une éthique pour la civilisation technologique*, trad. J. Greisch, Paris, Flammarion, coll. « Champs ».

Jonas, Hans [1981] (2000 c), *Puissance ou impuissance de la subjectivité ? Le problème psychophysique aux avant-postes du Principe responsabilité*, trad. de l'allemand par Christian Arnsperger, revue et présentée par Nathalie Frogneux, Paris, Cerf, coll. « La nuit surveillée ».

Jonas, Hans [1987] (1994), *Le Concept de Dieu après Auschwitz. Une voie juive*, trad. Philippe Ivernel, Paris, Payot-Rivages.

Jonas, Hans (1991), « De la gnose au principe responsabilité. Un entretien avec Hans Jonas. (Entretien avec Jean Greisch et Erny Gillen) », trad. Jean Greisch, *in Esprit*, N° 54, pp. 5-21.

Jonas, Hans (1998), *Pour une éthique du futur*, trad. Sabine Cornille et Philippe Ivernel, Paris, Payot-Rivages.

Jonas, Hans (2000 b), *Une éthique pour la nature*, édité par Wolfgang Scheiner, traduction à partir de l'allemand, avant-propos et notes de Sylvie Courtine-Denamy, Paris, Desclée de Brouwer.

Larrère, Catherine & Larrère, Raphaël [1997] (2009), *Du bon usage de la nature. Pour une philosophie de l'environnement*, Paris, Flammarion.

Mann, Fritz (1993), « Un regard ratio-critique sur le rôle du sacré », *in* Gilbert Hottois (Ed.), *Aux fondements d'une éthique contemporaine, H. Jonas et H. T. Engelhardt*, Paris, Vrin, pp. 237-248.

Pommier, Éric (2013), « Le sens de la vie chez Hans Jonas », S.E.R. | « Études », N° 4184, pp. 485-495, article consulté le 21 septembre 2019, *in* https://www.cairn.inforevue-etudes-2013-4-page-485.htm

Ricœur, Paul (1992), « Éthique et philosophie de la biologie chez Hans Jonas », *in Lecture II. La contrée des philosophes*, Paris, Seuil, pp. 304-319.

Ricœur, Paul (2018), « L'éthique, le politique, l'écologie. Entretien avec Paul Ricœur [Propos recueillis par Édith Deléage-Perstunski et Jean-Paul Deléage] », *in Écologie & politique*, N° 56, pp. 35-46.

Yogno Tabeko, Williams Fulbert (2015), « Nature et éthique chez Hans Jonas », *in* Ebénézer Njoh-Mouelle et Émile Kenmogne (éds), *Vie et éthique, de Bergson à nous*, Paris, L'Harmattan, pp. 239-253.

Yogno Tabeko, Williams Fulbert (2020), « L'heuristique de la peur, l'utopie et la responsabilité chez Hans Jonas », *in* Roger Fopa Kuete (dir.), *La peur. Discours, formes et représentations,* Paris, L'Harmattan, pp. 139-158.

III

De la technicisation de l'homme : peut-on encore croire en la nature humaine ?

Laurent GANKAMA

Université Marien Ngouabi, Congo

Résumé : Les discussions relatives aux conséquences générées par les techniques du vivant sur le statut et la situation ontologiques de l'homme ne cessent de revêtir une importance considérable tant dans l'espace public que dans la communauté scientifique. Ces conséquences, qui résultent sans doute de la nécessité de mettre en œuvre et de faire avancer les recherches biotechnologiques en vue de contribuer à l'amélioration des dispositifs génétiques des êtres humains, mettent aussi en évidence une forme d'artificialisation de l'homme et de sa vie ; ce qui tend alors à poser la question si cruciale de « l'avenir de la nature humaine » (Habermas, 2002). La présente réflexion se propose de mettre en évidence non seulement la contribution des biotechnologies à l'épanouissement tant physiologique qu'existentiel de l'homme, mais aussi l'interrogation sur l'opportunité et la légitimité de croire en la nature humaine, au regard de la portée croissante et inquiétante de la technicisation qui affecte l'être humain.

Mots-clés : biotechnologies, chosification, nature humaine, bioéthique, posthumanisme.

Introduction

Dans le contexte actuel des révolutions scientifiques marquées par le développement aussi merveilleux qu'inquiétant des techniques et technologies du vivant, parler de la technicisation de l'homme amène à s'interroger sur l'intérêt et les conséquences que ces innovations techniques et technologiques génèrent en rapport avec la nature humaine ou le statut de l'être humain. Les recherches biotechnologiques et les avancées majeures qu'elles impliquent mettent en évidence la nécessité de contribuer à l'amélioration, tant du patrimoine génétique et naturel de l'humanité que de sa situation sanitaire et existentielle. Ce processus de technicisation de la vie humaine peut être perçu comme un élan salvateur, bénéfique et propice pour l'épanouissement et l'évolution de l'humanité, tant sur le plan biologique, social qu'humain (éthique). Cependant, au-delà de cet apport positif, fondamental et vital, ce développement des biotechnologies, dont l'imbrication dans la vie humaine paraît indispensable, met en exergue une tendance accrue à la technicisation, voire à l'artificialisation de l'être humain. Dans cette perspective, qu'adviendrait-il alors de la nature humaine ? Au regard de la déstructuration et de la restructuration que les pratiques techniciennes et eugéniques imposent au dispositif organique et naturel de l'homme, la préservation de « l'avenir de la nature humaine » (Habermas, 2002) est-elle encore possible ? Face à l'émergence et l'affirmation de la vie humaine comme processus essentiellement technicisé, c'est-à-dire soumis à l'emprise d'une structuration techno-artificielle, l'homme ne se transformerait-il pas en une espèce techniciste ? Une redéfinition impérative du statut ontologique de l'homme s'impose devant les enjeux de la bioéthique ou des différentes techniques et technologies du vivant. Telle est la perspective dans laquelle s'inscrit notre réflexion comme une interrogation sur la nécessité d'un idéal de sauvegarde des valeurs fondamentales de l'humanité susceptibles de garantir la place de l'être humain dans ce processus de technicisation génétique qui, au-delà de la nature, semble aller à la conquête d'un monde post-humain. Donc, loin du risque de la disparition possible de l'humanité actuelle, les biotechnologies devraient s'orienter vers la sauvegarde de la nature humaine, en dépit de leurs efforts de conversion et reconversion, de perfectionnement et de recyclage du dispositif organique et naturel de l'homme, tout en préservant son essence ; ce qui serait une modernité qui s'affirmerait comme un processus ininterrompu de rationalisation et de conquête, de reconquête et de renouvellement de l'humanité par elle-même. Aussi, en nous appuyant sur une analyse aussi bien critique que prospective des incidences des biotechnologies sur l'être humain, serons-nous amenés à présenter les apports positifs et salvateurs de la technicisation sur le vécu de l'homme, avant d'en ressortir les conséquences déshumanisantes et de proposer des pistes éventuellement propices à la conciliation entre ces dispositifs modernes et la préservation de la nature humaine.

1. La technicisation de l'être humain : une piste pour l'amélioration du vécu de l'homme

Dans les rapports indépassables et permanents qui se nouent entre la nature et la culture et qui s'attestent dans les divers domaines et contours de la vie humaine et sociale, on peut noter que l'homme, tout en se définissant à la fois comme un être naturel et culturel, paraît plus culturel que naturel, en raison de la place très prépondérante qu'occupent les productions artificielles, à l'instar de la technique. Si l'on considère la culture comme l'ensemble des acquisitions et productions humaines – c'est-à-dire tout ce que l'homme ajoute à la nature dans le but de combler et de surmonter les insuffisances de celle-ci –, la technique participe alors de cet élan permanent de l'être humain de chercher tant à dépasser les limites qu'à améliorer ou à changer le dispositif naturel de son corps, de son environnement, des autres espèces vivantes, de sa planète, des autres planètes et de tout ce qui est lié à son existence. C'est dans ce sens que s'inscrit le projet technique en tant que projet voué à assurer à l'homme la maîtrise et la domination de la nature (Descartes, 1966 : 84), en lui permettant d'exploiter celle-ci de telle sorte qu'elle puisse répondre à ses attentes, à ses besoins, à ses aspirations vitaux. C'est cette quête du bien-être et du confort vital qui guide et oriente les fins et les productions de la technique ; ce qui conduit alors les différents experts et spécialistes des biotechnologies à mettre en place des outils et des dispositifs nécessaires à l'amélioration du patrimoine naturel et génétique de l'être humain. Cet idéal de modification du système naturel de l'être humain, de son corps, de son ordre génétique et existentiel initial, semble être motivé par la nécessité de surmonter les handicaps, les anomalies, les faiblesses et les insuffisances qui peuvent entraver son épanouissement sur les plans tant organique ou physiologique que mental ou social. À ces différents intérêts qui sous-tendent la mise en œuvre du défi et de l'idéal techniques, on peut ajouter l'enjeu et le souci esthétiques. À ce sujet, on peut se référer, entre autres, à la réflexion soulevée par Gilbert Simondon, notamment dans son article intitulé « Réflexions sur la techno-esthétique » (2014 : 379-396). Cette idée originale proposée par Simondon permet non seulement de rendre compte de l'orientation que prend le monde actuel, laquelle orientation est marquée par la convergence de la technicisation de la réalité esthétique et de l'esthétisation de l'outil technique, mais aussi de reconsidérer les approches philosophiques classiques de l'esthétique.

De ce point de vue, on peut souligner que l'objectif majeur de la technique, qui existe depuis plusieurs siècles sous la forme de l'agriculture, de l'artisanat et des métiers du bâtiment, est de permettre à l'homme de réaliser ce qu'il désire et ce qui convient à la satisfaction de ses besoins, en devenant au fil des temps, un élément du patrimoine culturel et social des civilisations humaines (Murthy, 1980 : 91-96). En effet, conformément à la perception de Keshaviah Krishna Murthy, il apparaît que les technologies mises au point pour combler, dans la mesure du possible, les attentes et les insuffisances naturelles et même sociales de l'homme, suivent un processus inventif tellement explosif et dynamique qu'elles finissent par s'imposer comme entreprise principale et incontournable de l'humanité dans l'époque moderne et contemporaine grâce au savoir-faire et l'efficacité des solutions qu'elles produisent ou proposent. Dans ces conditions, on peut dire que l'homme contemporain se trouve porté par les valeurs de la technostructure en ce sens que la technique paraît essentielle à son épanouissement. Celle-ci lui permet de se rendre libre par le dépassement des frontières et des limites de son existence, en lui apportant les conditions de bien-être, de confort, de bonne santé, de plaisir et d'émancipation. L'être humain se trouve alors ancré et installé dans un cycle existentiel structuré par le projet et le défi technique et de plus en plus ouvert aux nouvelles technologies qui tendent à lui offrir une forme d'assurance de la vie, de la survie et de l'avenir. Cette ouverture constante et croissante de l'homme aux innovations technologiques a contribué à la mise en place d'une espèce de conditionnement artificiel de la vie humaine. C'est dire que la technique joue un rôle médiateur entre l'homme et la nature, dans le sens où elle permet à l'être humain de trouver des ressources pour se détacher ou se libérer de la nécessité, de la fragilité et des infirmités que lui impose son état naturel. Dans ces conditions, la technique apparaît comme un processus qui contribue à l'accomplissement, voire à l'achèvement de l'homme, car le projet technique revêt la portée et la valeur d'un projet anthropologique et humaniste, qui rend possible la réalisation des finalités humaines.

En effet, les technologies se sont attachées au cours de ces dernières années, à l'amélioration de l'état de l'organisme de l'homme, de son vécu social, de telle manière que son sort se trouve désormais lié à ces innovations. Ce processus techno-structurel et technocratique, tel qu'il est mis en place et en œuvre par les biotechnologies, revêt un intérêt vital pour l'homme dans la mesure où non seulement il crée les conditions de son confort matériel, en contribuant ainsi à l'enrichissement et à l'amélioration de son cadre existentiel, mais encore il s'investit dans la modification, le réaménagement, la mise en forme adéquate du patrimoine génétique, naturel et organique de l'être humain. Ce recours à la rationalité biotechnologique – qui s'inscrit dans la nécessité de réparer et de surmonter les déficits observés dans le fonctionnement organique de l'homme et d'améliorer les dispositions de son corps – s'impose à l'heure actuelle comme un processus inédit, salvateur, destiné à aviver ou à restaurer les potentialités naturelles de la vie humaine. C'est autant indiquer qu'à la faveur de la mise en place des biotechnologies en général et des technologies procréatrices et thérapeutiques en particulier, l'être humain est devenu l'objet de diverses manipulations. Ces dernières imposées au corps humain paraissent indispensables et salutaires à l'homme pour sa santé, son épanouissement, car plusieurs handicaps, anomalies et obstacles organiques auxquels il se trouve confronté peuvent être réparés, surmontés ; ceci grâce à la mise en œuvre de solutions techniques à caractère biomédical, destinées à assurer, selon les cas, la prévention de certaines maladies et anomalies d'ordre héréditaire jugées fatales et incurables au regard des traitements classiques existants.

En fait, il apparaît que face aux échecs et aux défaillances de la médecine, vue sous l'angle de son outillage classique vis-à-vis de certaines maladies, des recherches et des innovations dans le domaine des biotechnologies ont permis de mettre en place des thérapies alternatives et efficaces qui contribuent à soulager l'homme, à le sauver et à favoriser son épanouissement sur le plan sanitaire et social. Ces thérapies consistent en l'utilisation de techniques réparatrices, correctrices et restructurantes qui rendent possible la résolution des problèmes physiologiques ou organiques, d'origine naturelle ou accidentelle, auxquels l'homme est confronté et qui le plongent dans le désespoir existentiel et mental. On peut citer entre autres, les handicaps physiques, la stérilité, les maladies considérées comme incurables ou irrémédiables. Le recours à des techniques comme le diagnostic préimplantatoire, le transfert et la transplantation d'embryons, de cellules et d'organes du corps humain, les opérations chirurgicales destinées à la pose de prothèses, etc., tend à montrer que les avancées réalisées par les biotechnologies créent les conditions de viabilisation, d'allongement, de prolongement et même de renforcement des capacités tant physiologiques que psychologiques de l'être humain. Ce renforcement des capacités ou des potentialités de l'homme participe alors de la mise en place des conditions de son bien-être physique et social. En fait, la volonté de survie et de reproduction de son espèce a conduit l'homme à recourir à l'action des biotechnologies. C'est ce que révèle Bernard Baertschi en ces termes : « ces désirs liés à la survie ont de tout temps servi de matière à la médecine ; ils sont encore de nos jours à la source de biotechnologies comme la procréation médicalement assistée (PMA) et le clonage » (2005 : 14).

On peut par exemple citer le cas de la PMA, qui procure de nombreux avantages à l'homme. Ces avantages se mesurent assez clairement par le fait que l'on assiste à la mise en place d'une révolution biotechnologique qui permet de favoriser la reproduction humaine par des techniques médicales ou pharmaceutiques, qui contribuent à remédier aux problèmes d'infertilité de couples hétérosexuels ainsi qu'à l'impossibilité d'une procréation naturelle dans le cas de couples homosexuels ou de femmes célibataires. En plus, ces techniques favorisent la possibilité d'une non-contamination des enfants par des parents atteints d'une maladie grave, génétique ou virale. Tout en révolutionnant la médecine de la reproduction, la PMA ou le diagnostic préimplantatoire représente un espoir et un salut pour les couples infertiles, une opportunité pour le choix du sexe dans un cadre médical, l'amélioration de l'harmonie et de la stabilité conjugales et sociales. Il convient de rappeler que la PMA repose sur plusieurs techniques, à l'instar de l'insémination artificielle, les techniques de fécondation *in vitro*, le transfert d'embryons congelés, la congélation d'ovaires.

L'insémination artificielle est une technique consistant à injecter le sperme plus ou moins préparé, au moment de l'ovulation, sauf dans le cas de l'insémination avec sperme frais effectué à la maison, utilisant les tests urinaires pour détecter la période d'ovulation. Sur le plan biomédical, il est établi que le couplage de l'insémination artificielle avec l'ovulation provoquée permet d'améliorer de manière considérable les chances pour une femme d'avoir une grossesse. Cette insémination peut être pratiquée sous trois formes. La première forme est celle qui s'effectue essentiellement à la maison, avec du sperme frais, en faveur des femmes célibataires qui désirent être enceintes sans avoir de rapports sexuels avec des géniteurs masculins ; d'un couple hétérosexuel dont l'homme souffre d'une anomalie d'infertilité ; d'un couple lesbien qui éprouve un désir d'enfant ou encore d'une femme porteuse de VIH ayant le désir d'avoir un enfant. La deuxième forme s'accomplit avec du sperme préparé. Cette option méthodique concerne souvent les couples dont l'infertilité n'est pas monocausale, c'est-à-dire les cas d'infertilité inexpliquée en première intention. Quant à la troisième forme, elle se réalise avec du sperme congelé. Cette forme d'insémination est généralement utilisée pour le don de sperme, notamment pour la préservation du sperme d'un homme qui est amené à subir un traitement dont les résultats sont susceptibles de mettre en jeu sa fécondité.

En ce qui concerne les techniques de fécondation *in vitro*, on peut en distinguer trois, à savoir la fécondation *in vitro* classique qui consiste en la fécondation d'ovocytes prélevés chez la femme avec des spermatozoïdes préparés et en leur implantation dans l'utérus sous forme de transfert, l'injection intra-cytoplasmique de spermatozoïdes et la micro-injection intra-cytoplasmique de spermatozoïdes sélectionnés à fort grossissement.

Les autres techniques de procréation médicalement assistée sont le transfert d'embryons congelés et la congélation d'ovaires qui, tout en permettant de préserver la fertilité ultérieure et de maintenir ou restaurer la fonction de reproduction, rendent aussi possibles la vitrification d'ovocytes ainsi que les dons d'ovule, de sperme, d'embryons et la gestation pour autrui.

Telles qu'elles viennent d'être énumérées ou déclinées, toutes ces techniques de procréation médicalement assistée procurent à l'homme beaucoup d'avantages vitaux, indispensables pour la survie et la préservation de l'espèce humaine, à travers la facilitation artificielle des conditions de reproduction. Elles contribuent particulièrement et efficacement à la lutte contre l'infertilité ou la stérilité, à la compensation d'une stérilité provoquée, à éviter la transmission à un enfant d'une maladie grave, grâce au diagnostic préimplantatoire et au don de sperme, à répondre aux désirs non classiques de parentalité et même à compenser l'effet de la ménopause. Ce diagnostic paraît d'autant plus avantageux pour les humains qu'il les aide à se prémunir de la transmission de maladies congénitales, en mettant par exemple les enfants ou les descendants à l'abri de certaines maladies génétiques.

L'insémination artificielle et la fécondation *in vitro* permettent non seulement de contourner les cas d'infertilité inexpliqués et tout ce qui peut empêcher la circulation de spermatozoïdes ainsi que les problèmes de trompes et ceux liés à l'absence de croisement entre l'ovule et les spermatozoïdes, mais aussi de résoudre le problème de l'absence ou de la mauvaise qualité de gamètes. L'injection intra-cytoplasmique de spermatozoïdes dans l'ovule, quant à elle, permet de surmonter les problèmes de fécondation liés à la stérilité de l'homme.

On voit clairement que ces options techniques fonctionnent comme des remèdes aux maux, anomalies et faiblesses auxquels l'homme se trouve confronté. Ce qui transparaît dans l'application de ces procédés techniques à la vie humaine, c'est la perspective de salut, de soulagement et même d'espérance pour l'homme, qui ne voit plus dans certains handicaps ou certaines anomalies physiologiques une fatalité, mais plutôt des épreuves surmontables de la vie, grâce au génie technique, aux innovations biotechnologiques. Ces processus biotechnologiques permettent de traiter et de résoudre des situations pathologiques, de soulager les handicaps et les souffrances. Ils offrent aux hommes des solutions audacieuses face à l'ordre naturel défaillant. En mettant en place et en développant l'insémination artificielle, le don de sperme, le don d'ovocytes, la congélation d'embryons, le diagnostic préimplantatoire, le transfert et la transplantation d'embryons, de cellules et d'organes du corps humain, les biotechnologies ont révolutionné l'ordre naturel des choses et de la vie, en donnant à celle-ci une connotation et une orientation de plus en plus artificielles. Dans la même optique, les innovations biotechnologiques ont transformé les conditions de la reproduction et de l'amélioration de la vie humaine. Dans ce sens, des situations et manipulations techniciennes qui paraissaient autrefois inimaginables ou inconcevables sont rendues ordinaires, banales et surtout accessibles. C'est autant signaler que l'application de procédés techniques sur le corps humain, les différentes manipulations techniciennes auxquelles les chercheurs et autres experts en biotechnologies soumettent le corps humain ou l'être humain, participent de l'optique ou de la perspective de salut, d'épanouissement et de soulagement de l'homme. Ils permettent même d'étendre ou d'accroître les pouvoirs et les capacités naturelles de l'homme, au point de le rendre puissant vis-à-vis de la nature.

On voit clairement que la technicisation de l'homme revêt un intérêt capital tant pour sa survie que pour son évolution. Cet intérêt est d'autant plus remarquable qu'il tend à se justifier par la nécessité, par exemple, de « se servir des progrès des biotechnologies pour débarrasser la condition humaine de certains de ses attributs les plus amers, comme les maladies héréditaires ou la dépression » (Bégorre-Bret, 2004 : 254). En fait, toutes les innovations techniques mises en place par l'homme s'inscrivent essentiellement dans une perspective d'amélioration du cadre de vie, des conditions existentielles, de l'état du corps humain, de l'avenir de la société et de l'humanité. Elles sont, en fin de compte, la preuve et la manifestation de la nature perfectible de l'homme. Il convient alors de s'interroger sur les incidences ou les conséquences induites par le développement des biotechnologies sur l'avenir de la nature humaine, en se posant la question de savoir si ce développement contribue à la remise en cause de ladite nature.

2. Le développement des biotechnologies remet-il en cause la nature humaine ?

La question de l'opportunité de croire en la nature humaine se pose au regard des diverses modifications et manipulations techniques qui affectent l'homme et qui tendent à changer la configuration naturelle de son être. Les différentes pratiques eugéniques, notamment celles qui relèvent de l'eugénisme libéral et qui permettent de modifier le dispositif génétique et naturel de l'homme, soulèvent, à n'en point douter, le problème de la limite possible, compatible avec la nature de la personne humaine, que l'activité des biotechnologies devrait observer. Cette limite observable serait celle qui repose sur la nécessité d'aider et d'accompagner l'homme, de trouver des réponses à ses problèmes divers, à ses souffrances, à ses handicaps, à ses inquiétudes, sans le dénaturer, sans le dépouiller de ce qui constitue son essence.

Or, en observant les conséquences et les effets qui accompagnent l'activité des biotechnologies sur l'homme, on s'aperçoit que celles-ci consistent en une manipulation technicienne du corps humain, en l'utilisation d'organes, de cellules, de tissus et autres éléments constitutifs de l'organisme humain pour des fins éventuelles de réparation, de reconstitution pour un intérêt clinique. Seulement, à travers cette utilisation du corps humain, se dessine et se met en place une réalité qui fait apparaître celui-ci comme un bien disponible, manipulable, susceptible d'être exploité pour toute fin utile liée particulièrement à la vie, à la santé, à l'épanouissement de l'homme. De ce point de vue, on peut observer que la mise en œuvre d'opérations biotechnologiques conduit à faire du corps humain un objet, une chose destinée à des expérimentations et par là, vouée à l'instrumentalisation. Quand on considère entre autres, le cas des opérations d'hybridation biologique comme les greffes, c'est-à-dire les opérations à caractère médical qui consistent en la transplantation d'organes en un transfert sur une personne d'un tissu ou d'un organe prélevé sur lui-même ou sur une autre personne, les dons d'organes internes comme les reins, le cœur, le foie, et externes comme les mains, les visages, le clonage, l'installation de prothèses pour combler certains déficits organiques et fonctionnels, on comprend à quel point l'homme se trouve soumis à une technicisation accrue qui consacre, dans une certaine mesure, les conditions de son instrumentalisation, de sa chosification, de sa réduction à un être technique, soumis à un jeu de manipulation et même de mécanisation.

Certes, ces opérations et ces manipulations ont une visée thérapeutique et salvatrice pour l'homme. Mais, elles représentent en même temps, sur le plan moral et éthique, une dérive, un glissement, en raison de leur capacité à déstructurer, à *déconfigurer* le statut naturel de l'homme, la dignité inhérente à son essence, la valeur qui lui incombe naturellement et intrinsèquement. Cette valeur intrinsèque de l'homme tombe dans l'irrespect et l'indignité lorsque le corps humain se trouve réduit à une forme de banque d'organes utilisables à n'importe quel moment et dans n'importe quelle circonstance où ils se révèlent nécessaires. Soumettre le corps humain à des tests et processus expérimentaux, à des fins de recherche et de mise en œuvre de thérapies salvatrices ou réparatrices, c'est aussi aliéner la valeur de l'homme.

Au-delà des fins positives poursuivies, il se dessine dans les développements biotechnologiques une tendance inquiétante à la déshumanisation, à la perte par l'homme de ses droits naturels légitimes. L'homme technicisé cesse d'être lui-même et devient étranger à sa configuration antérieure. Non seulement l'homme qui subit la manipulation technicienne cesse d'être lui-même, se réduit à un objet, tombant ainsi dans une rupture d'égalité de droits vis-à-vis du manipulateur, mais encore il perd sa liberté et son autonomie et voit son essence être lésée. Dans le même sens, Jean-Michel Besnier relève le caractère destructeur des biotechnologies à l'égard de la nature humaine en ces termes : « L'obsession de s'arracher à la nature, par laquelle on a décrit l'esprit moderne, s'est donc transmuée en une aspiration à transgresser la nature humaine » (2010 : 49).

Pour Komi Kouvon, on assiste, à travers les innovations biotechnologiques, à « l'altération de la nature humaine [...] qui constitue la menace la plus grave parce qu'elle génère une insensibilité à l'égard de la réalité de la nature humaine » (2015 : 151). Ce déni de nature humaine ou d'essence humaine est d'autant plus crucial qu'il consacre, à travers la capacité développée par les biotechnologies de permettre à un homme de disposer du génome ou du patrimoine génétique d'autrui, la destruction de l'humanité de l'homme, la métamorphose de l'homme, son glissement vers un autre être techniquement configuré. Cette possibilité de (re)configuration technique de l'homme conduit, sur le plan éthique et moral, à l'avènement d'un nouveau type d'être, moins humain, plus technicisé, moins naturel, plus artificiel, qui nous autorise à penser qu'il s'agit là d'un être post-humain. Autrement dit, le règne de la puissance technique ou technologique sur la vie humaine s'impose de plus en plus comme une forme d'imposture et de désarticulation de l'ordre humain naturellement établi, comme un élan ininterrompu de transfiguration du dispositif génétique de l'homme. Dès lors, face à cette perte accélérée et quasi irréversible de la nature humaine, de l'essence de l'homme, on assiste non seulement à un processus de disparition de l'humanité, mais encore à une sorte de basculement, voire de glissement de l'humanité vers la post-humanité.

C'est cet avènement progressif et inquiétant d'un post-humain qui suscite de nombreuses interrogations de quelques penseurs contemporains. Ces questionnements bioéthiques, qui envahissent et nourrissent nos espaces publics et notre univers scientifique, peuvent se résumer en la question suivante : « l'humanité est-elle une espèce en voie de disparition, va-t-elle bientôt céder la place à une nouvelle espèce biologique : la post-humanité ? » (Bégorre-Bret, 2004 : 253). Cette question traduit l'inquiétude qui anime les défenseurs de la bioéthique, lesquels redoutent la fin prochaine de l'humanité.

Dans ce débat bioéthique, Dominique Lecourt (2003) aborde la question de la nature humaine et de son avenir en termes d'opposition entre deux tendances : les « bio-prophètes » et les « bio-catastrophistes » (Bégorre-Bret, 2004 : 254). Si les « bio-prophètes » considèrent la révolution biotechnologique comme un moment nécessaire d'évolution ou de progrès de l'humanité dans sa quête de libération vis-à-vis du déterminisme naturel, les « bio-catastrophistes » en revanche, présentent cette révolution comme un danger et une dérive pour l'humanité. Les critiques des bio-catastrophistes visent particulièrement le clonage humain et l'eugénisme. Ils reprochent à l'eugénisme, au clonage humain et au diagnostic préimplantatoire d'organiser un crime contre l'espèce humaine. Ces critiques sont récusées par Dominique Lecourt. Il y voit l'expression de croyances infondées et appelle au dépassement de ce catastrophisme ou de ce fétichisme de principe dont on entoure la nature humaine. L'épistémologue milite en faveur de l'intérêt positif et bienfaiteur des biotechnologies.

Au regard de ce processus de déshumanisation et de dépouillement de l'espèce humaine, il paraît difficile de continuer de croire en la nature humaine qui s'effrite et s'éloigne à mesure que se développent les biotechnologies. Cet effritement progressif de la nature humaine pourrait faire qu'elle devienne de plus en plus une illusion, une fiction. C'est donc dire que loin d'offrir aux hommes la liberté, l'eugénisme libéral remet plutôt en cause les fondements de la vie humaine, de la vie communautaire, de « la coexistence démocratique des membres de l'espèce humaine » (Bégorre-Bret, 2004 : 261). On peut alors dire que l'homme est devenu une espèce technique, un être de plus en plus dominé par la structuration artificielle et technocratique de son existence, de son vécu. On voit bien que les innovations biotechnologiques revêtent une portée et une incidence ontologique, puisqu'elles mettent en cause l'être de l'homme, le statut de la personne et de l'espèce humaine. Leurs incidences se traduisent ainsi par cette possibilité d'artificialisation de la nature humaine et par cette disparition conséquente de l'individualité et des frontières entre les espèces, notamment des frontières qui séparent les êtres humains et les machines ou les objets, voire les artifices.

Néanmoins, ce pessimisme vis-à-vis de la possibilité pour la nature humaine, soumise au totalitarisme des biotechnologies, de rester toujours et encore conforme à ses principes et à ses fondements, loin d'être radical et absolu, mérite d'être nuancé. En effet, si les effets destructeurs et déshumanisants des activités biotechnologiques nous amènent à ne plus croire totalement en l'avenir de la nature humaine, au regard de son effritement et de sa dégradation accélérés, on peut cependant continuer à croire en la capacité de l'homme, de la raison humaine à prendre conscience de ses limites, à les surmonter, à s'améliorer, à rénover et à restructurer aussi bien ses œuvres que ses pouvoirs. Dans ce sens, on peut croire en la capacité de la raison humaine à se remettre en cause, à se renouveler, à revoir ses plans, ses desseins et à les corriger. Le caractère rationnel et perfectible de la nature humaine peut amener l'homme à prendre conscience des dérives des biotechnologies, à mettre en avant la responsabilité de protéger et de maintenir l'humanité, pour l'intérêt des générations présentes et futures (Jonas, 1995 : 40).

3. La nécessité d'une réflexion éthique face à la technicisation de l'homme

À la lumière de tout ce qui précède, face aux pouvoirs croissants que confèrent les biotechnologies et qui s'affirment surtout par la capacité qu'ont désormais les hommes à modifier la représentation même qu'ils se font de leur propre nature, il serait convenable de répondre aux problèmes éthiques que soulèvent ces développements techniques, à savoir la question de l'opportunité d'autoriser le diagnostic préimplantatoire en vue de dépister des maladies génétiques dont les embryons conçus *in vitro* peuvent être affectés avant leur insémination, celle de la nécessité de permettre aux généticiens de recourir aux embryons surnuméraires réservés aux programmes de lutte contre la stérilité pour mettre en place de nouvelles thérapies géniques, et celle de permettre aux parents de développer chez leurs descendants des aptitudes dont le support génétique est porteur de qualités et aspects positifs fiables et clairement établis. Ces questions se résument dans la nécessité d'autoriser l'eugénisme libéral (Habermas, 2002 : 30).

Ces questionnements éthiques permettent de comprendre à quel degré les biotechnologies représentent une menace sur le plan humain, car les pratiques qu'elles mettent en œuvre entraînent nécessairement des dérives. Parmi ces dérives, on peut souligner la disparition de la frontière entre l'homme et la chose, dans la mesure où l'être humain se trouve réduit à l'état de choses manipulable et échangeable, voire conservable par la congélation, en niant ainsi le caractère singulier de l'être humain, en violant de ce fait la portée éthique de l'espèce humaine et en créant des inégalités entre les différentes catégories et générations humaines. Dès lors que l'on prend en compte le degré déshumanisant et dénaturant de ces dérives, on peut noter que les pratiques biotechnologiques ne garantissent pas à proprement parler l'avenir de l'humanité, car elles contribuent à mettre en péril les fondements éthiques et moraux de l'espèce humaine, en créant les conditions d'incertitude sur son avenir. Ces conditions d'incertitude et de déconstruction de la nature humaine n'offrent pas un regard rassurant et prometteur sur la possibilité pour l'homme de préserver ou de sauvegarder durablement cette nature, qui tend à se dégrader et à se désintégrer régulièrement, au fur et à mesure que se développent les biotechnologies. C'est dire que cette évolution conduit plus au désespoir qu'à l'espoir, plus à la dévalorisation qu'à la valorisation, plus à la destruction qu'à la construction sur le plan des valeurs humaines.

L'impact moral et éthique de ce développement est tellement désastreux qu'il affecterait la conscience humaine et la manière dont « les hommes se conçoivent eux-mêmes comme êtres génériques » (Bégorre-Bret, 2004 : 260). C'est le sens même de l'analyse proposée par Habermas sur la capacité des hommes à se considérer encore comme des êtres d'une même espèce, dotés des mêmes droits à la liberté et à l'égalité (Habermas, 2002 : 112-149). Par exemple, la programmation génétique des enfants par leurs parents ferait que ces descendants techniquement planifiés se montreraient incapables de se considérer comme des êtres autonomes et responsables de leur ordre biographique et auraient une conscience ancrée dans l'hétéronomie. Cette idée se dessine dans l'affirmation suivante : « la personne ayant fait l'objet d'un traitement prénatal, après avoir pris connaissance du modèle qui a présidé au changement de ses caractères génétiques, éprouverait des difficultés à se comprendre comme membre à parité de naissance d'une association d'individus libres et égaux » (Habermas, 2002 : 116). Cette affirmation montre que les biotechnologies, à travers les opportunités offertes par le diagnostic préimplantatoire et la possibilité pour les parents de faire des choix génétiques sur les enfants à naître, contribuent à la création de personnes dépourvues de pouvoirs personnels, incapables de disposer des mêmes droits et libertés que les autres membres de la communauté et de s'y intégrer. Ce sont des personnes robotisées, sans personnalité morale, porteuses d'une conscience malheureuse, troublée et déficitaire. Ce type de personnes, génétiquement programmées, trace la voie à l'avènement d'une nouvelle espèce d'hommes non humains, non-inscrits dans l'ordre naturel et génétique de la naissance et de l'évolution.

Ces êtres techniquement créés, programmés et programmables, constituent une espèce technique, post-humaine, qui laisse advenir une vie moins humaine, un ordre non humain, une civilisation non humaine ; ce qui permet de comprendre que la révolution biotechnologique contribue à l'instauration d'un univers, d'un monde post-humain, impropre et incommode à la survie de l'humanité, porteur de conditions de mise en péril de l'espèce humaine. Le diagnostic préimplantatoire pose le problème du statut de l'embryon qui devient un objet, un bien échangeable et commercialisable, donnant alors à l'homme l'image d'un être soumis à la marchandisation, à la logique du marché, celle de la quête du profit financier et matériel. La portée révolutionnaire de la technique semble d'autant plus remarquable et bouleversante que « la génétique, la pharmacologie, la robotique et l'informatique sont désormais susceptibles de modifier le corps et l'esprit humains de façon irréversible : elles sont capables de créer une nouvelle espèce biologique » (Bégorre-Bret, 2004 : 254).

Le procès des biotechnologies peut alors être rapproché de celui qu'Habermas propose sur la modernité. Si les maîtres de l'École de Francfort, à l'instar de Max Horkheimer, Theodor Adorno et dans une certaine mesure Herbert Marcuse, ainsi que d'autres analystes de la modernité, portent un jugement entièrement et radicalement pessimiste sur celle-ci, laissant croire qu'elle a totalement et définitivement échoué, de par les dérives aliénantes, dépravantes et déshumanisantes des Lumières en général et de la rationalité technoscientifique en particulier, Habermas, lui, propose de « donner de la modernité une vision plus nuancée et moins jouée d'avance » (Habermas, 1988 : 430). À ce titre, il considère que la modernité n'a pas encore échoué, qu'elle demeure un « projet inachevé », marqué par le renouvellement et le recyclage par la raison humaine de ses valeurs, de ses principes et de ses fondements, en vue d'explorer et de réorienter ses potentialités non encore explorées ou mal explorées. C'est dans cette optique qu'il n'est pas requis de cesser de croire en la nature humaine, tant celle-ci dispose de potentialités rationnelles non instrumentales, de ressources morales et de compétences pragmatiques à partir desquelles il lui est possible de se rectifier, de se restaurer et de retrouver son authenticité.

Conclusion

La réflexion sur les conséquences induites par la technicisation de l'homme met en évidence tant la capacité des biotechnologies à favoriser l'épanouissement et le bien-être des êtres humains que les dérives auxquelles elles donnent lieu sur le plan éthique et moral, notamment sur la possibilité de préserver et de garantir l'avenir de la nature humaine. Dès lors, si les conséquences déshumanisantes des biotechnologies offrent des arguments à partir desquels il est possible de douter de la possibilité de maintenir les fondements de la civilisation et de la culture d'humanité, le caractère perfectible, dynamique, moral et novateur de la raison humaine peut amener l'homme à recycler ses pouvoirs et ses valeurs et à mettre en perspective ses potentialités positives, ses vertus, ses atouts pour tracer le chemin de la prise de conscience morale et de la réorientation de la puissance biotechnologique vers la préservation de sa nature et de son espèce.

Références bibliographiques

Baertschi, Bernard (2005), *Enquête philosophique sur la dignité. Anthropologie et éthique des biotechnologies*, Genève, Éditions Labor et Fides.

Bégorre-Bret, Cyrille (2004), « Bioéthique et post-humanité. F. Fukuyama : La fin de l'homme. Les conséquences de la révolution biotechnique/ J. Habermas : L'Avenir de la nature humaine. Vers un eugénisme libéral ?/ D. Lecourt : Humain, post-humain », *in Les Études philosophiques*, N° 69, pp. 253-264.

Besnier, Jean-Michel (2010), *Demain les posthumains. Le futur a-t-il encore besoin de nous ?*, Paris, Fayard.

Descartes, René (1966), *Discours de la méthode*, Paris, Garnier Flammarion.

Habermas, Jürgen (1988), *Discours philosophique de la modernité*, trad. par Christian Bouchindhomme et Rainer Rochlitz, Paris, Gallimard.

Habermas, Jürgen (2002), *L'Avenir de la nature humaine. Vers un eugénisme libéral* ? trad. par Christian Bouchindhomme, Paris, Gallimard.

Jonas, Hans (1995), *Le Principe responsabilité. Une éthique pour la civilisation technologique,* trad. par J. Greisch, Paris, Cerf.

Kouvon, Komi (2015), « Les trajectoires biotechnologiques et le posthumanisme. Les difficultés de l'éthique humaniste », *in NUNYA*, Revue du laboratoire d'Histoire, Philosophie et Sociologie des Sciences et Technologies de l'université de Lomé, N° 3 : *Démocratiser la science et la technique ?*, pp. 145-164.

Lecourt, Dominique (2003), *Humain, post-humain*, Paris, PUF.

Murthy, Keshaviah Krishna (1980), « L'homo faber de demain. Interaction entre l'homme et ses outils », *in Impact* (Science et société), vol. 30, N° 2, avril-juin, Paris, Unesco, pp. 91-96.

Simondon, Gilbert (2014), « Réflexions sur la techno-esthétique », *in Sur la technique* (1953-1983), Paris, PUF, Collection « Hors collection », pp. 379-396.

IV

Artificialisation du vivant : quelle frontière entre le naturel et l'artificiel ?

Hilaire KANON GBOMENÉ

Université Alassane Ouattara / Bouaké, Côte d'Ivoire

Résumé : L'artificialisation du vivant reflète la dynamique de l'activité humaine. Elle qui consiste à tout réduire en artéfact, bute parfois sur la naturalité du vivant. Pour le moins, des interstices s'opposent encore à l'absoluité de l'objectivation du vivant. Cependant, avec les nouvelles technologies, il existe une réelle menace : transgresser la frontière qui établit la limite entre le vivant et l'artefact. Ce faisant, le problème consiste à déterminer leur point de démarcation. Pour répondre à cette préoccupation, l'analyse part des moyens d'investigation antique de la nature qui favorisaient l'assimilation de celle-ci à l'artifice. Cette assimilation, qui facilite la transition entre la mécanisation de la nature et l'artificialisation du vivant, n'empêche pas pourtant l'impossibilité de la *machinisation* absolue de l'organique. Il est question, dans la présente réflexion, de répondre au besoin de fixer une limite à la prétention d'une artificialisation absolue du naturel, car l'un (le naturel) et l'autre (l'artificiel) sont à la fois assimilables et distincts. Ainsi, vu la nécessité sociale des objets techniques, la culture pourrait être définie comme la frontière entre le naturel et l'artificiel.

Mots-clés : artificialisation, culturel, frontière, naturel, vivant.

Introduction

La modernité repose de plus en plus sur la rationalisation de la nature. Il ne s'agit plus d'une connaissance modeste de celle-ci à la manière de René Descartes qui exhortait à sa maîtrise-possession raisonnée. De l'époque moderne à la modernité, nous passons de la rationalisation à l'irrationalité de la raison. La raison, ayant perdu son élément critique, devient neutre et aveugle. Dans son aveuglement, elle éjecte « le conducteur et file à l'aveuglette à travers les espaces », comme l'indiquait Horkheimer (1974 : 137). L'obsession de s'arracher à la nature, qui caractérisait l'esprit moderne, « s'est transmuée en une aspiration à transgresser la nature humaine » (Besnier, 2009 : 49). Le processus de mécanisation de la nature, par lequel s'entrevoyait le succès de la technoscience, le lessive de sa nature. Cette dénaturation est le signe de la perte de son naturel. Le naturel de l'homme tient à son individualité. L'homme, chez qui se faisait la distinction entre objet et sujet, devient progressivement matière et machine, animal-machine. Cette compréhension mécanique de l'humain fait disparaitre la différence entre naturel et artificiel. Le naturel a été englouti par la sphère de l'artificiel. Cette indistinction entre le naturel et l'artificiel est davantage mise en évidence par les nouvelles technologies. Elles suppriment cette frontière à travers l'accentuation de l'artificialisation. Soit que la machine envahisse le vivant ou se fasse passer pour le vivant, comme le cas des biotechnologies ; soit que l'opération technique sur la matière s'effectue à une échelle moléculaire si petite qui annihile la distinction entre le vivant et l'inerte, comme le cas des nanotechnologies, il y a toujours une réduction de l'organique à la mécanique. L'identité du naturel et de l'artificiel est atteinte. La machine est intelligente et l'esprit est une machine. L'exemple de l'intelligence artificielle permet d'entériner cette réduction dans la mesure où le modèle devient lui-même objet de connaissance.

Le vivant, dans sa composition, est à la fois ce qui résiste à l'artificialisation et ce qui lui fait place. Il y a toujours un aspect contingent qui siège dans son artificialisation. Cette marge d'interstices indéterminés montre le caractère réfractaire de l'organique. L'artificiel peut être un mode d'exploration du naturel, mais il ne peut pas épuiser tout l'organique. Vu cette insuffisance de l'artificialisation, la préoccupation est la suivante : quelle doit être la frontière entre le naturel et l'artificiel dans le processus de l'artificialisation de la nature ? En d'autres termes, peut-on distinguer le naturel de l'artificiel dans l'artificialisation de la nature ? Notre intention ici est de poser la nature de l'objet technique. Par sa double fonction naturelle et culturelle, l'objet technique constitue la transition entre le naturel et l'artificiel. La communauté mixte qu'il forme avec l'humain pose finalement la culture comme leur point de partage. La culture annule la séparation entre le naturel et l'artificiel pour établir une continuité.

À travers une méthode historico-critique, l'on mettra l'accent sur l'évolution des termes que sont le naturel et l'artificiel. D'abord, ces termes étant distincts dans l'Antiquité, l'on arrive à la période moderne, puis à l'ère post-moderne à une indistinction entre eux. Cela a pour conséquence la transgression du naturel humain. L'artificialisation transforme l'humain en machine. Le cas des nouvelles technologies permet de justifier la réductibilité de l'organique au vivant qui s'interprète aussi comme la réduction du naturel à l'artificiel. L'on passe de l'artificialisation de la nature à la naturalisation de l'artifice et vice-versa. Cependant, la contingence présente dans le vivant, convainc de l'irréductibilité de l'organique à la mécanique. La présence d'interstices indéterminés permettra de poser l'objet technique comme fait de culture, comme le point de démarcation entre le naturel et l'artificiel.

1. Le dévoilement des secrets de la nature

L'existence de l'humain dans la nature s'organise autour d'un acharnement perpétuel contre celle-ci. Ses aspirations et ses intentions lui font adopter une posture particulière à travers laquelle s'appréhendent aussi ses différentes interprétations de la nature. Si la nature aime à se cacher, son dévoilement nécessite des approches physique et métaphysique. Ces modes ont été des procédés utilisés par les premiers naturalistes. Le choix des principes premiers comme fondement de l'ordre naturel a permis d'expurger de la nature toutes formes de mythologies. À la place de l'eschatologie, de la métaphysique ou de la mythologie, les moyens d'investigation seront la ruse et la physique.

1.1. La nature : de la matière à l'Être

Chez les Anciens tels que Thalès, Anaximène, Anaximandre, Platon, etc., le sens de la nature est plutôt métaphysique. Le dynamisme inhérent montre que la nature est moins ce qui est perçu. Le miracle grec, attribué aux premiers philosophes ou philosophes de la nature, montra que le sens de la nature s'est éloigné des mythologies pour se rapprocher davantage de choses matérielles. L'on conçoit l'univers à travers des éléments matériels.

> Ce qui a pris dans la doctrine des Milésiens la place des anciennes divinités primordiales ou personnelles, ce sont des éléments, conçus comme des puissances impérissables au même titre que les dieux, et qui ont, comme eux, de la force plus ou moins grande, des domaines d'action plus ou moins étendus. Ces puissances ne sont pas des abstractions qu'on puisse concevoir indépendamment des « lieux » qu'elles occupent, de leur zone d'extension (Vernant, 1996 : 225).

Ces éléments impérissables sont divers et variés. Pour Thalès, l'élément fondamental est l'eau. Tout est supporté par l'eau, d'où procèdent les secousses de la terre. Elle est l'élément d'où tout provient et où tout retourne. L'eau est la source du mouvement et de la vie dans l'univers. Comme Thalès qui attribue un dynamisme au fonctionnement de l'eau, Anaximène et Anaximandre, à travers respectivement l'air et l'*apéiron*, faisaient dépendre le fonctionnement de l'univers d'un tel dynamisme. Ainsi, les Présocratiques concevaient un dynamisme inhérent au fonctionnement de l'univers. La nature s'oppose à ce qui se présente dans le sensible. En elle ne subsiste aucun artifice puisqu'elle s'apparente davantage à l'essence des choses.

La nature est l'Être en tant que ce qui fait que la chose est ce qu'elle est. Au-delà des différents éléments, l'on comprend que la nature s'appréhende à partir de son essentialité. Dépouillée de tout apparat, de tout artifice, de toute contingence, la nature se réfère à l'âme. Chez Platon, l'âme est ce qui constitue ce fondamental. Il dénonce la contingence et la corruptibilité des artifices qui, pour lui, sont incapables de constituer la trame de l'existence. La stabilité de l'âme est le principe de développement qui engendre les choses. L'artifice est donc une anti valeur qui conduit au relativisme et à l'immoralisme. Il conduit à l'illusion de la réalité. Face à un tel désordre, le naturel consiste au respect des lois de la nature. C'est de cette conformité que découle la justice de la loi. « Si quelqu'un parle de ce qui est conforme à la loi, tu l'interroges sans qu'il le voie sur ce qui est conforme à la nature, et s'il te parle de la nature, tu l'emmènes à te répondre sur la loi » (Gorgias, 2008 : 482 e-484 c). Il y a une similitude entre la nature et la loi. La loi dérive de la conformité à la nature ; sa nature, tandis que la nature s'observe par le respect de la loi. La réciprocité entre la loi et l'idée de nature montre que le naturel se confond davantage à l'acte de justice. Le naturel est le juste. Il consiste à se conformer à l'ordre de sa nature, ce qui érige la nature en règle de conduite humaine. Pour Platon, la nature est le règne de l'ordre et de l'harmonie. À ce titre, elle est à la fondation de la Cité juste. Cependant, peut-on vraiment s'en tenir à l'ordre de la nature ? Parler de loi de la nature, c'est supposer la nature bien plus ordonnée qu'elle ne l'est en réalité, comme l'indique l'usage de la rhétorique par les sophistes. Ce serait ignorer la puissance des artifices et des conventions qui caractérisent l'humanité.

1.2. La similitude entre la nature et l'artifice

La distinction que fait Platon entre le monde sensible et le monde intelligible est une distinction établie entre artifice et nature. Le monde intelligible, en tant que lieu de la manifestation de l'être des choses, représente l'instance du naturel des choses. Est donc naturelle toute chose conforme à la représentation de l'Idée de la chose, ce qui conduit au rejet de l'artifice considéré comme le siège de l'illusion, de l'apparence et de l'ignorance. L'artifice est un ouvrage d'artisan tandis que la nature est un produit du démiurge. Certes, il reconnaît que l'humain dispose d'une capacité à inventer, mais ces artifices ne sont pas la continuation de l'ordre naturel. Les choses artificielles n'ont pas d'autonomie propre. L'ouvrage de l'artisan n'est pas un objet naturel puisque son modèle de fabrication est éloigné de la vérité.

Cette distinction est reprise par Aristote. Le Stagirite caractérise le naturel à travers l'autonomie de la motricité. Pour lui, les choses naturelles ont en elles-mêmes leur principe d'existence. Cette caractéristique de la nature permet d'identifier les choses artificielles par l'extériorité de la cause de leur motricité. « Le naturel a son mobile en soi tandis que l'artificiel le possède par accident. Un lit, un manteau et tout autre objet de ce genre, en tant que produits de l'art, ne possèdent aucune tendance au changement, mais en tant qu'ils ont cet accident d'être en pierre ou en bois ou en quelque mixte » (Aristote, 1969 : 59-60). Les produits issus de la création de l'art sont des artifices qui se distinguent de ceux qui le sont par nature. Ainsi, d'un côté, il y a les choses relatives à la nature et de l'autre côté, les choses produites par l'art. Entre le naturel et l'artificiel, la partition s'établit entre ce qui se meut originairement et ce qui est mû. La nature doit être, dans les choses qui possèdent en elles-mêmes, un principe de mouvement.

> Parmi les êtres, en effet, les uns sont par nature, les autres par d'autres causes ; par nature, les animaux et leurs parties, les plantes et les corps simples, comme terre, feu, eau, air ; de ces choses en effet, et des autres de même sorte, on dit qu'elles sont par nature. Or, toutes les choses dont nous venons de parler diffèrent manifestement de celles qui n'existent pas par nature ; chaque être naturel, en effet, a en soi-même un principe de mouvement et de fixité [...]. Au contraire, un lit, un manteau et tout autre objet de ce genre, en tant que chacun a droit à ce nom, c'est-à-dire dans la mesure où il est un produit de l'art, ne possèdent aucune tendance naturelle au changement, mais seulement en tant qu'ils ont cet accident d'être en pierre ou en bois ou en quelque mixte, et sous ce rapport ; car la nature est un principe et une cause de mouvement et de repos pour la chose en laquelle elle réside immédiatement, par essence et non par accident. (Aristote, 1969 : 192 b-193 a)

Cependant, au-delà de la présentation de la différence de nature qui existe entre le naturel et l'artificiel, Aristote introduit une continuité. Il attribue également à l'artiste le même rôle modeleur que Platon réservait uniquement au démiurge. La nature agit comme un modeleur pareil à l'artiste. En effet, dans l'œuvre d'art, il y a d'abord une matière qui doit être modelée et formée. Nous retrouvons le même procédé dans le processus naturel où il y a une matière qui demande aussi à être formée. Dans l'œuvre d'art, l'artiste pense une forme qu'il donne par la suite à la matière. Dans le processus naturel, il y a également une forme qui est imposée à la matière et qui est la fin vers laquelle se dirige le processus. L'artifice s'assimile à la nature. Ils possèdent une similitude qui fait que les choses naturelles sont par la même occasion des choses artificielles. Il y a un lien étroit entre artiste et démiurge. Aristote va davantage au-delà de cette étroitesse du lien en accordant un intérêt à l'œuvre de l'artiste au détriment de celle de la nature. La production humaine obéit à une finalité qui est intelligente, contrairement aux processus naturels qui s'accomplissent au hasard et sans prévision. Cette différence de finalité montre en fin de compte que les productions humaines s'inscrivent dans le cadre de la nature. On pourrait finalement faire cas de la naturalisation des artifices dans la mesure où on assimile ces procédés aux opérations de la nature. Cette correspondance entre nature et artifice permet à la nature de recevoir une autre connotation : d'abord mystérieuse, magique, métaphysique et enfin artifice. Devenue objet de la physique philosophique, des pseudo-sciences, la nature sera l'objet de cette physique mathématique et mécanique.

2. De la mécanisation de la nature à l'artificialisation du vivant

La nature s'observe par la constatation d'un dynamisme qui conduit le naturel à l'accomplissement de sa forme. Des Présocratiques à Aristote, l'approche du naturel avait une connotation métaphysique. Néanmoins, le rapprochement du naturel à l'artificiel fait engager la nature dans un processus de mécanisation qui, au bout du compte, s'avère être un processus d'artificialisation. Notre intention consiste à montrer que la mécanisation de la nature conduit à une artificialisation qui finit par prendre en compte le naturel humain. Le vivant n'échappe pas à l'artificialisation. Comme une mécanique, il devient une machine. Ce processus de *machinisation* peut se comprendre par ce qui constitue les caractéristiques de la mécanique.

2.1. La *mécanique* comme support de l'artificialisation

Dans l'Antiquité occidentale, la mécanique est une technique qui consiste à ruser avec la nature. À travers l'usage d'outils et d'instruments fabriqués, l'on contournait le déterminisme de la nature. La mécanique se situait dans une perspective de bataille de l'homme contre la nature.

Cela équivaut à une opposition entre nature et art dans le sens de *technè*. L'art, en tant que technique humaine, permet de reprendre l'avantage sur la nature. C'est dans ce sens que nous avons établi la distinction dans la section précédente entre nature et artifice. Les artifices sont des outils utilisés pour servir les intérêts pratiques des hommes. Cependant, cette opposition entre l'art et la nature est d'apparence. Si Aristote conclut à une similitude entre eux par la détermination d'une même finalité que poursuivent la nature et l'artiste, nous pouvons établir cette même similitude entre la mécanique et la nature. La mécanique s'appuie sur les « raisons » qui sont immanentes à la nature. Elle s'établit à partir des lois ou les *logoi* de la nature qui sont ses propriétés mathématiques. L'idée de mathématisation de la nature a servi de manche au succès du processus de mécanisation. Elle découle d'une physique mécanique qui, comme le dit Lenoble (1969 : 313), se contente du comment et non du pourquoi, car « la vérité sur la Nature réside dans ces expériences, non plus dans les raisonnements sur les essences ».

La conséquence du lien entre le naturel et l'artificiel est le refus de l'approche métaphysique de la nature. L'époque moderne récupèrera cette mécanisation et en fera la caractéristique de l'évolution de la civilisation. Elle hérite d'une approche mécaniste du monde dépouillée de qualités occultes, de forces ou d'âmes motrices. La nature devient une simple matière qui répond aux caractéristiques de l'artificiel.

> Sachez donc, premièrement, que par la Nature je n'entends point ici quelque déesse, ou quelque autre sorte de puissance imaginaire, mais que je me sers de ce mot pour signifier la Matière même en tant que je la considère avec toutes les qualités que je lui ai attribuées comprises toutes ensemble, et sous cette condition que Dieu continue de la conserver [...]. Car de cela seul qu'il continue ainsi de la conserver, il suit de nécessité qu'il doit y avoir plusieurs changements en ses parties, lesquels ne pouvant pas, ce me semble,

être proprement attribués à l'action de Dieu, parce qu'elle ne change point. Je les attribue à la Nature ; et les règles suivant lesquelles se font ces changements, je les nomme les lois de la Nature. (Descartes, 1963 : 349).

Descartes et les mécanistes ont rejeté ainsi la distinction traditionnelle entre les procédés de l'art humain, agissant de l'extérieur, et les processus naturels. En s'en tenant aux données quantifiables et mesurables des phénomènes naturels, ils s'efforcent de formuler mathématiquement les lois qui les régissent. Ainsi, de la mécanisation de la nature, nous arrivons à sa désacralisation, pratique qui traça les sillons de l'artificialisation. L'artificialisation est un processus de mécanisation des corps. Elle consiste en une désubstantialisation totale de tout ce qui prétendait à un animisme. La nature perd sa valeur de sujet agissant. Elle cesse d'être imaginée comme une déesse. Désormais, il n'y a plus de domaine qui résiste à l'artificialisation. Ce processus intègre tous les domaines à telle enseigne que nous sommes conduits à la fois à la mécanisation des artifices et à l'artificialisation de la nature.

2.2. L'artificialisation : du vivant à la machine

La non distinction entre le naturel et l'artificiel établie par les mécanistes conduit à identifier toute chose par une extériorité. La mécanisation de la nature conduit à une artificialisation complète des éléments de la nature, y compris l'homme. Le processus de désubstantialisation de la nature se considère comme la mort de la nature. Le rejet de la nature vivante est également par ricochet, le rejet du vivant dans la saisie de la nature. Elle devient inerte comme une simple matière répondant aux critères de mécanisation. « L'époque contemporaine est celle où l'homme perçoit tout sous la forme du dispositif et du fond exploitable, y compris lui-même, et perd simultanément son être propre » (Heidegger, 1958 : 20). Cette totalisation dans l'approche de la nature pose l'humain comme une machine. Il perd toute spécificité pour davantage intégrer le processus d'artificialisation. Avec la perte de la nature humaine, l'on en déduit qu'il n'y a plus de nature. Si tout n'est pas artifice, tout est susceptible de le devenir. L'effacement de la nature constitue le triomphe de la modernité.

> Soit que la machine envahisse le vivant ou se fasse passer pour du vivant (biotechnologique, cybernétique, intelligence artificielle), soit que, dans le cas des nanotechnologies, l'opération technique sur la matière s'effectue à une échelle moléculaire, si minuscule qu'il n'y a pas de distinction entre le vivant et l'inerte. Rien dans la nature, n'échapperait désormais à l'intrusion de l'artifice. (Larrère et Larrère, 2015 : 154)

Le modèle de mécanisation est la machine. On assimile tous les êtres à la machine pour davantage les asservir. Le vivant et l'inerte se conçoivent comme des machines, ce qui généralise le processus d'artificialisation.

L'artificiel, moyen de connaissance de la nature, devient le modèle du naturel. Il a définitivement supplanté le naturel comme motif, comme objet, comme projet théorique et pratique. Le vivant, pareil aux autres objets d'étude, est *machinisé*. La machine est intelligente, l'esprit est une machine. Par la mécanisation de l'esprit, on passe de l'animal-machine à l'esprit-machine. Le cas de l'intelligence artificielle montre le degré que l'artificialisation a atteint au niveau du vivant. « L'intelligence artificielle est une entreprise visant à faire accomplir aux ordinateurs des tâches qui nécessitent de l'intelligence lorsqu'elles sont accomplies par les hommes » (Séris, 2000 : 513). Elle est donc l'accomplissement par l'ordinateur des tâches censées être accomplies par l'humain. Nous constatons donc que la machine ne constitue pas l'unique référence de modélisation dans le processus de l'artificialisation. Le vivant inspire aussi à la mécanisation. Le vivant en général et l'humain en particulier, constitue un modèle pour la mécanique. Il intègre à la fois le processus de l'artificialisation et celui de la naturalisation. Si l'artificialisation de la nature consiste en la mécanisation absolue du vivant, la naturalisation des artifices sert à faire fonctionner l'artefact sur le modèle du vivant.

Ainsi, rangé au placard par les sciences qui jaugeaient leur succès par la réussite de l'artificialisation, on constate, avec les nouvelles technologies, une réintroduction du vivant dans le processus d'artificialisation. Le cas du clonage des organismes génétiquement modifiés est la preuve de l'envergure de la naturalisation. La prééminence du naturel montre le rejet du monisme en faveur de l'artificialisation dans la mesure où le vivant est irréductible à la mécanique. Le retour au dualisme montre que l'humain est à la fois machine et non machine. On peut continuer à affirmer que l'humain peut absolument s'envisager comme une machine, mais nous ne sommes pas absolument des machines.

3. Les objets techniques comme facteur de socialisation

La non distinction du naturel et de l'artificiel se remarque à travers l'artificialisation de la nature. L'inerte et le vivant intègrent le processus de mécanisation, ce qui fait assimiler l'humain à la machine. Cependant, la constatation de l'irréductibilité du vivant à la mécanique montre que le monisme entre le naturel et l'artificiel est moins propice pour une approche des objets techniques. Notre intention consiste à montrer que les rapports entre les objets techniques sont indissociables des rapports sociaux. Nous formons une communauté mixte dans laquelle le point de partage entre le naturel et l'artificiel est la culture.

3.1. Les objets techniques : entre fabrication et pilotage

L'idée de l'artificialisation supposait une approche objective de la matière. Quel que soit le statut inerte ou vivant de la nature, on devrait parvenir à des certitudes.

Cependant, dès l'instant où le vivant est réfractaire à une mécanisation absolue, il y a lieu de situer la place du vivant dans le processus de l'artificialisation. Le vivant est à la fois ce qui résiste à l'intervention technique et ce qui lui fait place. D'une part, dans le sens de ce qui lui fait place, il se conforme à la rationalité du réel à travers son corps qui répond aux exigences de rationalisation. La rationalité technique suit des logiques qui font intégrer le vivant dans le processus de l'artificialisation. D'autre part, dans le sens de ce qui résiste, le vivant est irréductible à la mécanique. Sa plasticité rend impossible la détermination de mesures formelles. La nature à laquelle l'on a affaire – le vivant – laisse place à la contingence. La prise en compte de ces interstices indéterminés dans les découvertes conduit les technologies nouvelles à faire du contingent un possible. Il n'y a pas de procédé indiqué pour la découverte des possibles. Le terme de fabrication ou celui de création devient désuet dans la mesure où le passage à l'existence de ces possibles s'accomplit par des variations inédites et souvent non prévues. Des biotechnologies aux nanotechnologies, la surprise reste le *leitmotiv*. Bourcier évoque l'idée de *sérendipité* ou le hasard heureux pour montrer le degré de contingence dans le pilotage de la démarche des nouvelles technologies. Ainsi, on doit substituer les termes de fabrication ou de création à celui de pilotage, comme l'indiquent les Larrère dans le propos suivant :

> Dans la transgénèse comme dans le « clonage », on est bien loin de la démarche de l'ingénieur [...] : c'est en bricolant, comme le fait la nature elle-même, que l'on révèle des possibilités naturelles qui n'ont pas eu l'occasion de s'exprimer au cours de l'évolution. Si une intervention humaine a été nécessaire, la plante transgénique ou le « clone » n'ont pas été fabriqués pour autant. Ceux qui sont parvenus à l'existence le doivent à un pilotage, plus ou moins bien contrôlé, de processus biologiques naturels (2015 : 191).

Cette indétermination dans le processus de l'artificialisation est en quelque sorte le retour à la nature. Certes, le pilotage prend en compte des méthodes mécaniques dans le cadre des convergences instrumentales ou théoriques. Mais le degré de contingence des possibles naturels présente des ouvertures et des variations. Avec l'idée de pilotage, le point de partage entre l'artificiel et le naturel se complexifie.

Pour comprendre cette complexification, il est nécessaire de revenir à la typologie des objets techniques. Les objets techniques se classent en deux groupes. Il y a d'un côté les objets du *faire* et de l'autre ceux du *faire avec*. Les objets du *faire* relèvent de la fabrication ou de la création. Ce sont des artéfacts qui entrent facilement dans des processus de mécanisation. De l'autre côté, il y a les objets du *faire-avec* issus du pilotage ou de la manipulation des êtres vivants. Il nous importe de différencier « les objets techniques que nous fabriquons [...] des objets naturels que nous modifions » (Bourg, 1996 : 20). En effet, les objets techniques fabriqués, tributaires de la mécanisation, montrent la tendance de l'artificialisation du naturel. Dans sa prétention, elle préconise que les êtres vivants ou inertes peuvent intégrer tous les schèmes de rationalisation. Le rejet de la naturalité conduit l'artificialisation à un monisme.

Cependant, l'aspect réfractaire du vivant à son artificialisation montre que la compréhension des objets techniques du *faire-avec* nécessite la prise en compte de l'individualité du vivant. Là, nous constatons que la mécanique est incapable d'absorber totalement l'organique. La conséquence de cette incapacité de réduire l'organique à la mécanique conduit à l'impossible réduction du naturel à l'artificiel. La question du naturel et de l'artificiel conduit aux paradigmes techniques que sont la fabrication et le pilotage. Ces modèles qui impliquent des rapports différents entre les objets techniques et l'humain permettront de situer le départage entre le naturel et l'artificiel.

3.2. Les objets techniques : entre artéfact et objets sociaux

Les objets techniques sont des produits de l'artificialisation. D'emblée, ils sont des artéfacts issus de la mécanisation de la nature. Nous les considérons comme de simples fabriques destinées à l'usage. Cependant, l'usage qu'on en fait conduit à la transformation de l'espace et de notre être. Ils sont aussi considérés comme des acteurs sociaux, indissociablement sociaux, humains et techniques. On peut les concevoir comme un « fait de nature » et comme un « fait de culture », tant leur usage relève à la fois du *faire* et du *faire avec*. Le fait de nature consiste à déterminer des liens de causalité et des constances qui régissent le fonctionnement de l'objet, ce qui est propice à l'artificialisation du naturel. Quant au fait de culture, il exhorte à considérer l'objet technique comme un élément d'une relation sociale, quasi sujet, et pas seulement objet. Cela suscite la considération de ramifications à tous les niveaux. L'objet technique n'est donc pas un objet neutre pour qu'il soit seulement considéré dans son extériorité. Comme le dit Lévi-Strauss (1962 : 29), « le savant ne dialogue jamais avec la nature pure, mais avec un certain état du rapport entre la nature et la culture, définissable par la période de l'histoire dans laquelle il vit, la civilisation qui est la sienne, les moyens matériels dont il dispose ».

Le rapprochement entre la nature et la culture, inclues dans la relation du savant à son objet d'étude, montre que ni le naturel ni l'artificiel n'ont d'identité intrinsèque. Le naturel n'est pas si naturel que cela et l'artificiel n'est pas si artificiel que cela. Leur départage ne peut se faire en faveur de l'un ou au détriment de l'autre et vice-versa. Si l'artificialisation de la nature prête à un monisme à l'effigie de l'artificiel, l'impossibilité de réduire l'organique à la mécanique doit justifier le retour à un dualisme. Loin de toute rupture, il faut instaurer une continuité qui permettra de voir à la fois l'artificiel comme un aspect du naturel et le naturel comme un pan de l'artificiel. L'idée est d'atténuer la rigidité de l'artificialisation qui consiste à inférer la mécanisation à tous les niveaux. Le vivant sur lequel cette artificialisation bute mène à comprendre qu'il est impossible de *machiniser* complètement l'humain.

La notion d'automate parfait est inadmissible si nous restons dans un rapport de séparation entre le naturel et l'artificiel. Les objets techniques sont des artéfacts issus de la mécanisation de la nature ou de la naturalisation de l'artifice. Cependant, ils ne sont pas en marge dans le processus de socialisation de l'humain. En effet, la perfection de l'automate n'est pas pour lui-même. La machine n'est pas nécessaire pour la machine. Elle est fabriquée pour un utilisateur. Ainsi, sa nécessité dépend de son ouverture au monde. Même si nous accroissons ses automatismes et qu'elle reste coupée du monde, elle ne sera pas qualifiée de perfectionnée. Elle doit être ouverte au monde, c'est-à-dire être en relation avec d'autres objets techniques et avec l'homme. « La machine qui est douée d'une haute technicité est une machine ouverte et l'ensemble des machines ouvertes suppose l'homme comme organisateur permanent, comme interprète vivant des machines les unes par rapport aux autres. Loin d'être un surveillant d'une troupe d'esclaves, l'homme est l'organisateur permanent d'une société des objets techniques qui ont besoin de lui » (Simondon, 1989 : 11).

La place de l'homme dans la gestion des objets techniques a une double portée. D'une part, elle permet de ne pas distinguer le naturel et l'artificiel en raison de la disparition de la nature. La nature, tellement absorbée par le processus d'artificialisation, se transforme en *technosphère*. Elle devient notre société dans laquelle l'artéfact nous met à la fois à distance et nous rapproche de la nature. La nature en elle n'existe pas. Elle est socialement construite. Nous sommes donc dans un monde de l'artifice. « Cesse le possible recours à la notion séculaire de nature. Il faut la congédier, son temps est fini. Adieu à pan » (Dagognet, 1990 : 135). Il n'y a plus de nature pure ou sauvage, ce qui entérine le récit de l'homme comme être antinature. Du fait qu'il n'interrompt ni les processus naturels ni ceux qui mobilisent l'artificialisation, il s'inscrit dans la nature tout en n'étant pas nature. D'autre part, la place de l'homme permet d'établir le pont entre le naturel et l'artificiel qui est la culture. L'objet technique n'est pas un simple outil d'usage ; objet extérieur et manipulable. On échange avec lui des services, des informations et des affects. Il s'inclut dans notre communauté qui n'est plus totalement humaine. Elle devient une communauté mixte dans laquelle sont présents des objets hybrides de nature et de culture. L'objet technique devient un partenaire avec lequel l'homme est en relation dans la *technosphère*. Dans ce sens, disons que le naturel et l'artificiel se départagent au niveau du culturel. Cette culture s'identifie aux rapports sociaux que l'homme entretient avec les objets techniques.

Conclusion

Le rapport entre le naturel et l'artificiel est celui d'une alternance entre l'imbrication et la séparation. Dans l'Antiquité occidentale, l'approche métaphysique de la nature a conduit à poser celle-ci comme l'essence des choses. De la quête des principes fondateurs de l'univers, à la *forme* aristotélicienne, la nature exprimait un finalisme par lequel le naturel se démarquait de l'artificiel. Le naturel entrevoyait l'ordre, la justice, les vertus, etc., tandis que l'artificiel, considéré comme une grossièreté, était perçu comme une illusion. Cependant, le changement de statut de la Nature a également influencé le tableau entre le naturel et l'artificiel. D'abord mystérieuse, elle est devenue progressivement magique, métaphysique et mécanique. La mécanisation, en tant que processus d'artificialisation de la nature, a conduit à une similitude entre le naturel et l'artificiel. Nous passons d'un dualisme à travers lequel les différences étaient évidentes à un monisme. En rendant indiscernables le naturel et l'artificiel, l'homme aboutit à une artificialisation absolue, analysée à la fois comme artificialisation de la nature et comme naturalisation de l'artificiel. La conséquence de cette artificialisation est l'affirmation de l'identité de l'organique et de la mécanique. L'artifice devient l'instrument de connaissance de la nature. L'artéfact, mode d'emploi de l'artificiel et du naturel, va de simples métaphores comme le cas de l'horloge à des simulations ou à des modèles virtuels sophistiqués parlant de l'ordinateur. L'identité du naturel et de l'artificiel s'atteint par la *machinisation* : la machine est intelligente, l'esprit est une machine. L'on passe de l'animal-machine à l'esprit-machine.

Cependant, les technologies nouvelles conduisent à montrer l'irréductibilité de l'organique à la mécanique. Cette limite de la mécanique est aussi une insuffisance au niveau de l'artificialisation entière du vivant en général et de l'humain en particulier. Il résulte de cette limite qu'il ne faudrait pas faire une abstraction des termes : soit en faveur du monisme, soit en faveur du dualisme. Il faut refuser la séparation dans laquelle s'établit le rapport entre le naturel et l'artificiel. L'artificiel n'est pas autant artificiel que cela et le naturel n'est pas aussi naturel que cela. Ni le naturel ni l'artificiel n'ont des critères intrinsèques. Ils sont à la fois distincts et identiques. Ainsi, les comprendre nécessite une continuité et non une rupture entre eux. On n'a pas besoin d'une ligne, mais d'un triangle, ce qui montre la nécessité de faire intervenir un troisième sommet qui est la culture.

Le point de partage de cette continuité s'obtient par la référence à l'objet technique qui est autant un fait de nature et un fait de culture puisqu'il permet une relation avec son milieu de fonctionnement. Le milieu associé fait de l'objet technique un fait de culture par sa capacité à absorber un certain nombre de variations. Ainsi, l'objet technique ou l'artéfact est un objet d'une relation sociale quasi sujet, et pas seulement objet. La culture sert de continuité entre le naturel et l'artificiel. C'est l'entre-deux entre le naturel et l'artificiel. Elle est le point sur lequel doit se placer le curseur de la ligne continue entre eux. La référence à la culture montre que le départage doit se faire par un arbitrage à l'intérieur de la société, car l'homme reste l'organisateur des artifices. La gestion de la société des objets techniques relève de son ressort comme les musiciens ont besoin du chef d'orchestre. Nous sommes dans une société mixte dans laquelle les objets techniques sont à la fois de nature, de culture et des artéfacts. La communauté formée par les objets techniques et l'humain s'établit à partir de rapports sociaux qui intègrent à la fois le naturel et l'artificiel. Ces rapports doivent davantage se bâtir sur le modèle du pilotage que sur celui de la fabrication. Le pilotage est adéquat dans la mesure où il nécessite une forme de reconnaissance du partenaire social. Cela favoriserait des rapports de sociabilité permettant aux humains de vivre avec les communautés formées.

Références bibliographiques

Aristote (1969), *Physique,* Traduit par Henri Carteron, Paris, Les belles Lettres.

Besnier, Jean-Michel (2009), *Demain les posthumains. Le futur a-t-il encore besoin de nous ?* Paris, Hachette littérature.

Bourg, Dominique (1996), *L'homme artifice,* Paris, Gallimard.

Bourcier, Danièle et Pek, Van Andel (2011), *La sérendipité. Le hasard heureux,* Paris, Hermann.

Canguilhem, Georges (1969), « Machine et organisme », *in La connaissance de la vie,* Paris, Vrin, pp. 124-159.

Castoriadis, Cornélius (1978), « Technique », *in Les Carrefours du labyrinthe,* Paris, Seuil, pp. 221-248.

Dagognet, François (1990), *Nature,* Paris, Vrin.

Debru, Claude (2003), *Le Possible et les biotechnologies,* Paris, PUF.

Descartes, René (1963), *Traité du monde,* Paris, Garnier Flammarion.

Hadot, Pierre (2004), *Le Voile d'Isis. Essai sur l'histoire de l'idée de Nature,* Paris, Gallimard.

Heidegger, Martin (1958), *Essais et conférences,* Paris, Gallimard.

Jousset-Couturier, Béatrice (2016), *Le Transhumanisme,* Paris, Eyrolles.

Larrere, Catherine et Larrere, Raphaël (2009), *Du bon usage de la nature. Pour une philosophie de l'environnement,* Paris, Flammarion.

Larrere, Catherine et Larrere, Raphaël (2015), *Penser et agir avec la nature. Une enquête philosophique,* Paris, La Découverte.

Lenoble, Robert (1969), *Histoire de l'idée de la nature,* Paris, Albin Michel.

Lévi-Strauss, Claude (1962), *La Pensée sauvage,* Paris, Plon.

Merleau-Ponty, Maurice (1995), *La Nature. Notes de cours du collège de France (1956-1960)*, Paris, Seuil.

Petitdemange, Guy (2003), *Philosophes et philosophies du XXe siècle*, Paris, Seuil.

Platon (2008), *Gorgias, in Œuvres complètes*, traduit par Monique Canto Sperber, Paris, GF-Flammarion

Séris, Jean-Pierre (2000), *Philosophies de la nature,* Paris, Presses de la Sorbonne.

Simondon, Gilbert (1989), *Du mode d'existence des objets techniques,* Paris, Aubier.

Vernant, Jean-Pierre (1996), *Mythes et pensée chez les Grecs. Études de psychologie historique,* Paris, La Découverte.

V

Clonage et conservation de la nature humaine : une impossibilité pour Michel Houellebecq

Bernard Bienvenu NANKEU

Université de Maroua, Cameroun

Résumé : La présente contribution est une lecture de *La Possibilité d'une île* de Michel Houellebecq. Ce faisant, nous mobilisons les ressources de la sociocritique, de la poétique du personnage et du concept de *désontologisation.* Au travers de cette démarche, nous constatons en dernier ressort que le romancier interpelle le lecteur sur le risque ontologique que représente le clonage pour la nature humaine. Aux yeux de l'écrivain, le clonage humain reproductif néantiserait l'homme en pervertissant sa substance désirante, son essence érotique, lesquelles sont les fonds métaphysiques de ses choix et ses illusions existentiels.

Mots-clés : personnage, clonage, nature humaine, conservation, *désontologisation.*

Introduction

Qui est au juste Michel Houellebecq ? Est-il moraliste, philosophe, sociologue, littérateur ou économiste ? On ne saurait lui accoler une étiquette, tant ses écrits sont tout cela à la fois. L'écrivain est une personnalité kaléidoscopique, un penseur « touche-à-tout ». Des utopies littéraires aux propositions d'économie sociale, en passant par des digressions philosophiques et l'analyse des rapports hommes-femmes sous l'influence de l'idéologie hédoniste actuelle, l'auteur est un mordant observateur du monde occidental contemporain. Le romancier écrit des romans à thèse où il exprime ses convictions politiques, sociologiques, anthropologiques et philosophiques. Sur le plan de sa casquette de philosophe, l'auteur est admiratif de l'impératif catégorique kantien. Il est sévèrement critique de la volonté de puissance (« platement anthropomorphique » selon ses mots) et de l'« übermensch » nietzschéens qui rejettent la tradition morale judéo-chrétienne et proclament la « mort de Dieu ». Surtout on lui trouve un côté schopenhauerien et lui-même avoue : « Je suis un disciple imparfait de Schopenhauer » (Gauvin, 2016)[1]. Car – quoiqu'il soit à l'opposé total de Schopenhauer qui « ne croit absolument pas que la nature de l'homme et de la société humaine puisse changer » (Gauvin, *ibid.*) – au même titre que l'auteur du *Monde comme volonté et comme représentation*, Michel Houellebecq explore philosophiquement dans ses romans l'amour, la sexualité, la mort, la pitié, la tragédie et la douleur ; des sujets jusque-là éloignés de la philosophie, qui vaudront à Arthur Schopenhauer une reconnaissance durable au point de fasciner des générations d'écrivains depuis le XIXe siècle.

Houellebecq, partiellement influencé par la pensée du philosophe allemand, marche ainsi sur les brisées de Sartre et Camus. Deux philosophes français qui ont écrit des romans et des pièces de théâtre tous marqués par leurs réflexions philosophiques et politiques. « L'« Absurde » [par exemple] est une notion philosophique exprimée dans *Le Mythe de Sisyphe* (1942) par Camus, et conceptualisée par Sartre dans *L'Être et le néant* (1943) » (Aubert, 2002 : 1). Respectivement dans les romans *L'Étranger* (1942) et *La Nausée* (1938), ces deux écrivains philosophes mettent en scène l'absurdité de l'existence. L'univers du quatrième roman de Michel Houellebecq, notamment *La Possibilité d'une île* (2005), est sinistre. L'auteur fait planer sur ses personnages l'ombre de la mort, ce qui inspire chez ces

[1] En ligne, voir bibliographie.

derniers un sentiment tragique doublé du désir d'éternité que le clonage semble satisfaire. La présente réflexion associe la sociocritique, la poétique du personnage et le concept de *désontologisation* pour analyser le leitmotiv du clonage dans ce roman houellebecquien. Elle est sous-tendue par un quadruplet d'interrogations : Quel est l'enjeu du clonage pour les personnages de cet écrivain français ? Cet enjeu est-il mesuré, censé, porteur ? Autrement dit, ce clonage n'est-il pas risqué ? Les résultats sont-ils à la hauteur des espérances initialement caressées ? Nous verrons qu'en filigrane des actants clonés, le romancier aborde un problème bioéthique et pose comme impossibilité la préservation de la nature humaine, en occurrence sexuelle, au travers des individus clonés.

1. Le référent social *fictionnalisé*

Depuis le XIXe siècle occidental, la fiction est une notion inhérente à la littérature. Aujourd'hui, les deux termes sont presque consubstantiels. Cela explique la synonymie que l'on établit dans le langage courant ou profane, entre fiction, littérature, œuvre/livre/ouvrage de fiction. Certes il vrai, une bonne partie de la littérature au sens esthétique de ce mot relève de la fiction. Contes, mythes, nouvelles, romans, théâtres, etc., mêlent plus ou moins les propriétés de la fiction, à savoir divertissement, rêveries, évasions, plaisirs (Barthes, 1979) et polémiques. *A priori* donc, il y aurait une ligne de démarcation entre fiction et réalité ; celle-là nous transportant dans un monde fantasmé, pure imagination de l'auteur. Or, si le roman ou le théâtre crée un univers qui n'est pas celui de la perception immédiate, cela n'exclut pas la possibilité qu'il puisse avoir des connexions avec l'immédiateté. De ce point de vue, la fiction n'est pas qu'une invention dans les belles lettres, elle est aussi un langage social, « une histoire possible, un « comme si… » » (Saint-Gelais, 2002 : 225), un « mentir-vrai »[2] (Aragon, 1980) pouvant offrir un simulacre de la réalité ou renvoyer à un objet du monde extralinguistique. Aussi, faut-il lui reconnaître un fort coefficient de *référentialisation*, un régime stratosphérique de mimétisme qui consolident son rapport au monde, aux sociétés humaines et à l'Histoire. Tous les discours critiques mettant en relief la teneur sociale des genres fictionnels s'arcboutent sur leur *référentialité*, leur aptitude à narrer le monde, car, martèle Eboussi Boulaga (2011 : 24), « le texte littéraire s'inscrit toujours, obligatoirement et inévitablement à l'intérieur d'un contexte social dont il est un mode de représentation réaliste et/ou poétique ». L'écho est ici fait à Duchet (cité par Dirkx, 2000 : 86) pour qui :

> il n'y a pas de texte pur. Toute rencontre avec l'œuvre, même sans prélude, dans l'espace absolu entre livre et lisant, est déjà orientée par le champ intellectuel où il survient. L'œuvre n'est lue, ne prend figure, n'est écrite qu'au travers d'habitudes mentales, de traditions culturelles, de pratiques différenciées de la langue, qui sont les conditions de la lecture. Nul n'est jamais le premier lecteur d'un texte, même pas son auteur. Tout texte est déjà lu par la tribu sociale, et ses voix étrangères – et familières – se mêlent à la voix du texte pour lui donner volume et texture.

L'œuvre de fiction (ap) paraît au sein d'un corps social constitué et institué dont elle « colporte » l'immense rumeur (Angenot, 1992 : 18), imite et représente les habitus, les

---

[2] *Le Mentir-vrai* réunit les contes, les nouvelles et les récits (ainsi que quelques textes de critique littéraire) écrits par Aragon entre 1923 et 1972. On y trouve aussi les sept contes du recueil *Servitude et grandeur des Français* paru en 1945. La nouvelle "Le mentir-vrai" qui donne son titre au volume entier est conçue comme une poétique du roman et de la nouvelle. Se servant d'un matériel autobiographique provenant de sa propre enfance, l'auteur, en racontant, illustre sa thèse selon laquelle la narration consiste dans la transformation de faits réels gardés dans la mémoire de l'auteur, dans une composition fictionnelle qui, bien que produite d'un mensonge et donc "menteuse", transporte une vérité qui s'approche plus de la réalité que de la reproduction apparemment directe et immédiate de la réalité telle quelle.

faires, les pratiques, les dires, les mentalités, les rêves et les aspirations. Les lieux décrits, les paroles rapportées, les personnages que l'écrivain fait agir impriment au texte littéraire sa socialité. Le texte devient par voie de conséquence le « « socio-texte », c'est-à-dire le texte doublé [...] de tous les discours qu'il convoque » (Dirkx, *ibid.*).

Pour une lecture efficiente de la socialité du texte, Duchet (1979) préconise le découpage du texte en trois niveaux : le « co-texte » qui est l'ensemble des discours qui accompagnent le texte ; le « hors-texte » qui est l'espace de référence socio-culturelle qui fait communiquer entre eux le texte et le lecteur ; et enfin, le « texte » qui désigne la séquence linguistique désignée traditionnellement par ce mot. En application de cette préconisation au roman de Michel Houellebecq, qui nous sert de corpus d'étude, *La Possibilité d'une île* (2005) est le texte, autrement dit le socio-texte qui mime un univers de référence précis. Ainsi, son co-texte – à savoir la matière première qui travaille le roman de l'intérieur, lui confère une importante socialité, l'accompagne de manière à en faire un analogon du monde réel – n'est que l'ensemble des discours aujourd'hui tenus sur la décadence sociale de l'Occident contemporain.

Dès le prologue et par analogie avec l'amitié et la fidélité canines, le lecteur est idéologiquement installé dans un univers nostalgique de la femme pré-féministe, soumise, vouée à l'homme, et à son devoir envers ce que la société attend d'elle :

> Le bienfait de la compagnie d'un chien tient à ce qu'il est possible de le rendre heureux ; il demande des choses si simples, son égo est si limité. Il est possible qu'à une époque antérieure les femmes se soient trouvées dans une situation comparable – proche de celle de l'animal domestique. Il y avait sans doute une forme de bonheur domotique lié au fonctionnement commun [...] ; il y avait sans doute le plaisir de constituer un organisme fonctionnel, adéquat, conçu pour accomplir une série de tâches discrètes [...]. Tout cela a disparu, et la série des tâches ; nous n'avons plus vraiment d'objectif

assignable ; les joies de l'être humain nous restent inconnaissables, ses malheurs à l'inverse ne peuvent nous découdre. Nos nuits ne vibrent plus de terreur ni d'extase ; nous vivons cependant, nous traversons la vie, sans joie et sans mystère, le temps nous paraît bref (*PI*, 11)[3].

Le même sentiment de regret se manifeste à l'orée des tout premiers paragraphes du récit proprement dit. Daniel, figure principale de l'histoire, se présente sous les traits d'un humoriste dont les sketches mordants sont une satire de l'état d'anomie de son époque : « Je ne veux pas dire que mes sketches n'étaient pas drôles ; drôles, ils l'étaient. J'étais, en effet, un observateur acéré de la réalité contemporaine : nous avions tant simplifié, tant élagué, tant brisé de barrières, de tabous, d'espérances erronées, d'aspirations ; il restait si peu, vraiment » (*PI*, 21). Par ces extraits, le lecteur (occidental) inclus dans une série de « nous » (8 occurrences) qui l'interpellent également, s'accommode d'un regard attristé et même désabusé qui fait le constat accablant d'un monde à la dérive. Le prologue et l'incipit du roman installent d'emblée le lecteur dans un univers romanesque où l'analyse sociologique sera de mise. Ces deux passages préparent à la découverte d'une écriture qui se singularisera par le label de l'analyse sociale, par une narration dont l'enjeu n'est rien d'autre que l'observation sociologique, par une histoire cousue de broderies sur la déliquescence d'un monde. Et pour le lecteur occidental en particulier, ou du moins celui qui a connaissance des débats, des interpellations et des écrits sur l'ultralibéralisme tous azimuts et ses effets pervers, le lien est vite fait avec ce que Jouve (1997 : 104) appellerait les « précisions sur les caractéristiques socioculturelles [du] destinataire ».

---

[3] À chaque fois que nous citerons le texte, il sera suivi de l'abréviation *PI*, mis pour *La Possibilité d'une île*, ainsi que la(les) page(s) citée(s); et ce entre parenthèses.

En effet, nombreux sont les auteurs qui font le constat d'une crise morale et *civilisationnelle* des sociétés occidentales actuelles. Charles Melman (2002 : 10) parle d'« une crise de repères » et explique :

> Quelle que soit la pertinence de cette expression, la tâche de penser le monde dans lequel nous vivons s'impose donc plus que jamais. Les transformations de nos sociétés, suite à la conjonction du développement des technosciences, de l'évolution de la démocratie et de l'essor du libéralisme économique, nous contraignent à réinterroger la majorité de nos certitudes d'hier.

Huntington (2000 : 336) avance la thèse du « déclin moral », du « suicide culturel », constitués par le développement de comportements antisociaux (crimes, drogues, violences, exhibitionnisme, hypersexualité et perversions sexuelles), le déclin de la famille, le déclin du capital social (associations de bénévoles), la faiblesse générale de l'éthique et la désaffection pour le savoir (baisse du niveau scolaire). Dans un ouvrage consacré à la question de l'amour, Ruwen Ogien (2014 : 237), en paraphrasant Allan Bloom, parle d'une forme d'individualisme moderne en Occident qui aurait contribué à la destruction du lien social, à l'anéantissement du souci pour autrui, à l'affaiblissement de la volonté générale de vivre ensemble et à la disparition progressive du respect pour l'art et la pensée dans leurs formes les plus exigeantes. Quant à Rouart (2015 : 635), il y a un « … bordel général qui a mis fin à tout ce qui tenait encore debout dans l'ordre social ». Ferry (2014 : 8), pour sa part, affirme : « Depuis plus d'un siècle et demi, les arts, la philosophie, nos mœurs n'ont cessé de libérer, puis de valoriser des dimensions de l'existence humaine jusque-là oubliées, marginalisées ou réprimées : la sexualité, l'inconscient, la part de féminité des hommes ou de masculinité des femmes, l'enfance, l'animalité, la nature en nous ». Le bilan que dresse Olivia Gazalé (2012 : 131) est encore plus révélateur de la situation morale de l'Occident d'aujourd'hui :

Tout au long des siècles derniers, et tout particulièrement depuis le milieu du XXe siècle, les codes moraux de l'ensemble de la société n'ont pas cessé de chanceler, laissant l'individu en plein vertige axiologique. L'axe du bon et du mauvais n'est plus une ligne horizontale et fixe, qui place de façon indiscutable le bien au-dessus du mal, mais une série de points flottants, dispersés, éclatés, où les valeurs dérivent, se croisent, s'entrechoquent et se séparent, comme des atomes perdus au milieu du vide.

Tout ceci constitue le hors-texte de *La Possibilité d'une île*, l'espace représenté, à l'intérieur duquel le roman se situe. Avec les mots suivants cités plus haut, « nous avions tant simplifié, tant élagué, tant brisé de barrières, de tabous, d'espérances erronées, d'aspirations ; il restait si peu, vraiment », le texte combine des mots, des unités culturelles chargées. Ainsi se dessine autour de l'œuvre un espace socio-culturel supposé, un univers « de connivence, de savoirs entre le texte et le lecteur qui va permettre à la production du sens » (Robin, 1992 : 104). Et pour le cas typique du roman de Houellebecq, l'espace référencé, le décor imaginé, le monde de complicité avec le lecteur s'organisent autour de l'idéologie de la libéralisation des mœurs, coupable de tant d'abjections que l'auteur en fait le cadre de son intrigue romanesque.

L'histoire qui va se raconter offrira alors un simulacre de la société occidentale post-révolution sexuelle et post-soixante-huitarde, c'est-à-dire l'Occident après les années 1960-1970. En effet, les années 1960 et 1970 voient l'effondrement des valeurs d'une moralité enracinée dans la tradition judéo-chrétienne et l'émergence de sociétés permissives, ainsi que d'attitudes qui acceptent une plus grande liberté sexuelle se manifestant dans l'expression "amour libre". On note le déclin du pouvoir normatif en termes de morale de la part des Églises en particulier et de toute autorité en général ; le passage du ‘‘sexuel’’ de la sphère du privé à celle du public. Les contraintes traditionnelles (morales, religieuses) et le discours normatif (légal) en matière de sexualité disparaissent pour faire place à la franchise sexuelle et au culte de la chair. La jeunesse occidentale de ces années-là récuse la répression sexuelle et l'ordre matrimonial bourgeois.

Avec le roman de Michel Houellebecq, on se situerait aujourd'hui dans un monde ultra-libéral où tout est permis. Plus rien ne serait sacré si ce n'est une idéologie de la jouissance, une absolutisation de la culture du sexe-roi (Foucault, 1976). C'est dans cet ordre socio-libéro-libidinal que vivent, se meuvent et s'adaptent les personnages houellebecquiens. À travers eux et leurs descendants clonés, socle de la force d'anticipation du roman, l'auteur offre le spectacle déconcertant d'une humanité et d'un monde perdu, disparaissant, voire disparu.

2. Du roman de mœurs au roman d'anticipation : entre humains et néo-humains

Deux époques alternent dans *La Possibilité d'une île* : l'une est présentée comme l'Occident contemporain, l'autre, toujours européen, est futuriste. L'œuvre est constituée par le « récit de vie » de l'humoriste Daniel, roi cynique et incontesté du *one-man-show*, qui relate ses angoisses et celles de ses semblables à l'approche de la vieillesse dans un monde occidental qui, de plus en plus, « semble se transformer en une civilisation du corps » (Bernard, 1995 : 13) et du plaisir. Sa réussite, en tant qu'humoriste, lui a apporté richesse, considération, célébrité et sexe facile. Les épisodes de cette autobiographie sans concession sont commentés deux mille ans plus tard par ses clones « néo-humains », de Daniel 1 à Daniel 25 qui, malheureusement, ne ressentent aucun désir et s'interrogent sur l'engouement de leurs ascendants humains pour le plaisir. Les multiples réincarnations n'aboutissent pas au plaisir éternel tant espéré par leur ancêtre Daniel qui aura confié son patrimoine génétique à une secte religieuse qui promettait le plaisir sans fin dans le clonage. Entre la biographie de Daniel et les commentaires de ses descendants clones, on lit deux romans qui s'entrelacent : un roman de mœurs et un roman d'anticipation. L'un décrit un monde où la sexualité est un principe existentiel et le héros essaie de s'y accoutumer en dépit de son pessimisme foncier, l'autre relate deux mille ans plus tard un monde tombé en ruine, désormais sous le contrôle d'une nouvelle humanité presque cybernétique et chez qui le plaisir des sens tant recherché antérieurement est complètement étrange ou inconnu.

Avec Daniel et ses descendants clonés, Michel Houellebecq navigue entre deux époques. L'une réelle, contemporaine et d'un réalisme hallucinant ; l'autre fictive, contre-utopie qui dépeint un cosmos ruiné, déshumanisé. Tous les personnages du roman sont à l'image de l'univers préposé ou présupposé.

On ne peut imaginer une fiction sans personnage. Peu importe les orientations, les mouvements, les choix et les innovations esthétiques. Il n'y a de monde que parce qu'il y a des hommes qui pensent, aspirent, rêvent, vivent, affirment, (se) réalisent, s'aiment, se confrontent et s'affrontent. Les activités humaines donnent sens au monde. En plus des considérations biologiques et métaphysiques, ces activités religieuses, spirituelles, culturelles, technologiques, matérielles, relationnelles ou sentimentales justifient la coexistence ou l'existence des psychologies, des personnalités et des intériorités toutes différentes les unes des autres. Tout comme il n'y a de monde vivant que parce qu'il y a des humains, il n'y a de fiction que parce qu'il y a des personnages. D'ailleurs, dans le roman, le personnage a une fonction narrative et est indissociable de la structure de l'action. Même le Nouveau

Roman[4] n'a pas pu se passer de cette donnée fondamentale. À l'instar de la matrice, cette substance fibreuse permettant le développement d'un tissu, le personnage reste et demeure la pièce maitresse, l'organe structural de toute œuvre de fiction, du moins en littérature ; ce à partir de quoi tout récit s'enclenche. Il peut être agent et support de l'enchaînement des actions ou « alors la source principale de l'illusion littéraire » (Bernier et Saint-Jacques, 2002 : 434). Dans ce second cas, le lecteur peut s'identifier peu ou prou à lui. Voilà pourquoi le personnage se confond à la représentation d'une personne dans une fiction.

Cet « effet de réel » (Barthes, 1968 : 84-89) du personnage, dû à ce qu'il a des émotions, une conscience, un regard, un cœur, un destin, pose des actes, s'engage, se distingue, entretient des rapports, subit (patient) ou non (agent) l'histoire, fonde la poétique du personnage en tant que rôle thématique « ressortissant à des attitudes, des catégories psychologiques ou à des valeurs sociales et collectives » (Erman, 2006 : 90). De ce point de vue, il sera défini « par rapport à une conformité à un modèle constitué en norme, par rapport au « personnage régnant »[5] d'une

---

[4] Nouveau Roman : courant littéraire réunissant un ensemble d'œuvres écrites par un groupe d'écrivains français et publiées dans les années 1950 par Jérôme Lindon aux Éditions de Minuit, qui ont en commun de remettre en cause les principales caractéristiques du roman traditionnel dont le personnage. Bien que ce dernier soit désormais réduit à une initiale, à un-vous, à une donnée énigmatique, floue, insaisissable, il n'empêche que le récit et la description s'organisent à partir de son regard.

[5] Ici, Philippe Hamon se réfère à Hippolyte qui, dans la 20e édition du premier volume de sa *Philosophie de l'art*, postule : « Le groupe de sentiments, de besoins et d'aptitudes, dominant à une époque donnée, constitue, lorsqu'il se manifeste tout entier et avec éclat dans une même âme, le personnage régnant, c'est-à-dire le modèle que les contemporains entourent de leur admiration et de leur sympathie : en Grèce le jeune homme nu et de belle race […], de nos jours le Faust ou

époque, ou au contraire comme déviation par rapport à une norme » (Hamon, 1984 : 45). En d'autres termes, le personnage devient vivant parce qu'il répond à une construction typique d'une esthétique réaliste qui met en scène des actes, des caractères, des événements ou des situations spécifiques (Zima, 1985 : 35).

Le réalisme de la poétique houellebecquienne tient en partie, à ce que ses romans dépeignent avec virulence, au travers des actes et des caractères de ses personnages, ce qui – dans leur optique – pourrait être considéré comme la détresse existentielle et morale du monde occidental actuel. En une prose tantôt quasi-scientifique ou proche de l'essai, tantôt pathétique, Houellebecq décrit les malheurs de ses héros, tous des hommes de 30 à 50 ans (dont l'âge suit toujours de près celui de l'auteur). Au centre de l'analyse se trouvent le désir, « l'argent et le sexe » (Badré, 1998), thèmes introduits dès le début du premier roman, *Extension du domaine de la lutte* (1994). La thèse fondatrice de l'œuvre de Houellebecq sur la sexualité avait d'ailleurs fait son apparition dès 1991, dans *H.P. Lovecraft. Contre le monde, contre la vie* :

> Le capitalisme libéral a étendu son emprise sur les consciences ; marchant de pair avec lui sont advenus le mercantilisme, la publicité, le culte absurde et ricanant de l'efficacité économique, l'appétit exclusif et immodéré pour les richesses matérielles. Pire encore, le libéralisme s'est étendu du domaine économique au domaine sexuel. [...] La chasteté, la fidélité, la décence sont devenues des stigmates ridicules. La valeur d'un être humain se mesure aujourd'hui par son efficacité économique et son potentiel érotique : soit, très exactement, les deux choses que Lovecraft détestait (Houellebecq, 1999 : 144).

---

le Werther insatiable et triste. Mais comme ce personnage est de tous le plus intéressant, le plus important et le plus en vue, c'est lui que les artistes présentent au public, tantôt concentré [...], tantôt dispersé en ses éléments ».

Mais c'est dans *Extension du domaine de la lutte* que cette thèse houellebecquienne reçoit sa formulation la plus connue, inscrite qu'elle est dans le titre même du roman :

> Tout comme le libéralisme économique sans frein, et pour des raisons analogues, le libéralisme sexuel produit des phénomènes de paupérisation absolue. [...] Le libéralisme économique, c'est l'extension du domaine de la lutte [...] à tous les âges de la vie et à toutes les classes de la société. De même, le libéralisme sexuel, c'est l'extension du domaine de la lutte [...] à tous les âges de la vie et à toutes les classes de la société (Houellebecq, 1994 : 100).

L'importance de ces idées pour l'écrivain se confirme dans les romans ultérieurs. Ainsi, dans *La Possibilité d'une île*, sous fond d'une société occidentale individualiste et concurrentielle, où la femme est comme l'homme, en proie à la solitude et la peur de vieillir, les personnages sont cernés par la décrépitude des corps qui vieillissent et la gloire des jeunes corps. La sénescence sonne, pour les personnages que Michel Houellebecq fait vivre, comme un gel du désir et des plaisirs (sexuels). Face à la vieillesse médicalisée vue sous l'angle de la fin des plaisirs, Daniel, Isabelle, Esther, etc., se laissent enchanter par la promesse de l'immortalité et le désir éternel que fait miroiter l'*Élohimisme*, une secte religieuse dans le roman. L'engouement, la foi témoignés par les fidèles dans l'œuvre tirent leurs racines de « La promesse qui [est celle] de toutes les religions monothéistes : la victoire contre la mort. Éradiquant toute dimension spirituelle ou confuse, ils limit[ent] simplement la portée de cette victoire, et la nature de la promesse, à la prolongation illimitée des désirs physiques » (*PI*, 36). Mais cette promesse restera lettre morte au regard du sentiment de vacuité érotique des personnages clonés.

3. Le clone-personnage : un être « désontologisé »

Naître, vivre, (vieillir) et mourir constituent un processus normal pour tout mortel déjà venu au monde et qui aurait (accessoirement) vécu. Afin de mieux le faire comprendre, les philosophes font usage du concept de finitude, exprimant par là le caractère de ce qui est apodictiquement soumis à la temporalité, de ce qui finit dans le temps. Le terme « finitude » ou « finité » est donc principalement utilisé pour décrire la condition des mortels, des êtres humains, dont aucun n'échappera à la mort. Mais de tout temps, cette logique – de « reproduction-émergence-naissance, croissance-maturation-évolution, sénescence-dégradation-décomposition » (Yogno, 2016 : 45) – a toujours été un problème pour l'humanité. Elle est source d'angoisse, de désillusions, de mal-être, d'ennui ou de spleen baudelairien, du sentiment de l'absurdité de l'existence, de remise en question du sens de la vie, de la montée en puissance des technologies NBIC[6].

En vue d'y faire face et de l'intégrer, les religions ont développé des considérations métaphysiques. La mort représente dans le christianisme le départ pour l'enfer ou le paradis selon que l'on a été bon ou méchant sur terre. Les hindouistes et bouddhistes voient dans la mort un mécanisme de réincarnation. L'animisme africain assimile la mort, du moment où elle intervient à un âge avancé, à l'entrée dans un monde invisible. Une fois dans ce monde, le mort a reçu l'onction d'être l'intercesseur des vivants auprès des divinités.

Pourtant, dans la vieillesse et la mort, certains voient de l'affaiblissement ; d'autres de la disgrâce et l'enlaidissement. La vieillesse, devenant un signe et un symptôme du laid, de la dégénérescence et de la mort, a pour effet, affirme Nietzsche (1988), de faire songer à la décomposition, au danger, à l'impuissance. Elle affaiblit, affaisse la volonté, le

---

[6] Avec les technologies NBIC – Nanotechnologie, Biologie, Informatique et Sciences cognitives –, l'homme voudrait désormais prendre en main sa propre évolution dans le but de ralentir les processus du vieillissement et prolonger la vie. (Cf. Yogno, *op. cit.* : 31.)

sentiment de puissance, décourage, abat la fierté. Aux yeux de Bataille (1957 : 158), la jeunesse est l'élément premier qui entre dans les critères de la beauté. De ce point de vue, la psychologie des personnages principaux ou secondaires évoqués dans le roman de Michel Houellebecq est une psychologie mélancolique, dépressive, de blues à l'approche de la vieillesse parce que c'est un âge qui impliquerait non seulement la mort, mais également la cessation de toute activité sexuelle. Être vieux « provoque la même réaction, le jugement « laid » » (Nietzsche : 1988).

Pour ne pas donc subir l'action affaiblissante et "désérotisante" de la vieillesse et conséquemment, de la mort, ou se voir mis en marge du monde des plaisirs, tous les protagonistes du roman de Houellebecq finiront par faire recours au clonage. La secte (l'*Élohimisme*) richissime, en présence dans *La Possibilité d'une île*, aménage en effet à Lanzarote, une île des Canaries au climat tempéré et égal, une ambassade pour accueillir les *Élohim*. Les adeptes attendent leur retour qui marquera la fin des temps pour l'humanité, sujette à la mort. Le narrateur Daniel décrit avec une très grande précision ses scientifiques convaincus et ses manipulateurs. La fiction de Houellebecq paraît inspirée par la secte des *Raéliens* qui prétendit en 2003, avoir créé le premier clone humain.

Les *Élohim*, extraterrestres créateurs de l'humanité, possèdent le secret de la vie éternelle. La secte avance elle-même dans ce chemin en misant sur le clonage des élus à partir de leur ADN, ce qui offre une succession d'existences de copies conformes. Le romancier imagine la suite du procédé, puisqu'il nous propose les commentaires de Daniel 25 qui évoque les Marie 22 ou les Esther 23 (des clones). Ils vivent seuls, ne connaissent ni la souffrance ni les sentiments et ignorent quasiment la sexualité. Ils attendent patiemment l'arrivée des *Élohim*, extraterrestres porteurs d'éternité. On est là dans l'espèce néo-humaine, supposée sauvée du temps qui passe, emportant le désir et entraînant la mort. Cette dimension anticipative du roman amène Maud Granger (2006) à voir à travers le récit de Houellebecq un nouveau genre littéraire transnational que l'on pourrait appeler « le roman posthumain ».

La posthumanité est aujourd'hui l'enjeu majeur des biotechnologies et des nanosciences. Elles ambitionnent, sous fond d'optimisme technoscientifique, de créer un homme nouveau, né de l'homme et donc fils de ce dernier, plus intelligent, beau, sain, fort, immortel, éternellement jeune, qui sera à l'abri des maladies et du vieillissement. L'objectif déclaré est de vaincre les handicaps, les maladies et les anomalies (génétiques) de toutes sortes et surtout de « tuer la mort ». Il est donc question, entre eugénisme, cyber-anthropologie, clonage, etc., d'arriver à une nouvelle humanité affranchie de la mortalité, avec zéro défaut physique ou génétique, possédant un réseau de neurones plus alerte, vif, travailleur « capable de s'auto-développer et de tirer, de l'extraordinaire machine cérébrale dont les virtualités demeurent immenses, les plus merveilleuses possibilités cognitives, esthétiques et éthiques » (Morin, 2001 : 234).

Ce rêve de l'avènement d'une posthumanité intemporelle ne va pas sans susciter des engouements, mais aussi des paniques morales ou des inquiétudes (bio)éthiques. Beaucoup y voient des techniques médicales déshumanisantes, dénaturantes. Morin (*ibid.*) s'inquiète d'un « avenir funeste [...] où l'esprit humain contrôlerait tout, sauf lui-même ». Pour Fukuyama (2002 : 184), ce qui explique les suspicions envers la biotechnique, c'est la « crainte qu'en fin de compte la biotechnique ne nous fasse perdre, d'une façon ou d'une autre, notre humanité – c'est-à-dire cette qualité essentielle qui a toujours sous-tendu le sens de ce que nous sommes et de ce vers quoi nous nous dirigeons, en dépit des changements qui sont intervenus dans le cours de l'histoire ». Au sujet du clonage reproductif précisément, entendu comme « la tentative de l'homme de se réitérer par duplication afin de se conserver éternellement » (Yogno, *op. cit.* : 40), Michel Houellebecq semble faire sienne la mise en garde de Droit (1999 : 199) : « Le clonage introduit dans l'existence humaine comme une indignité majeure, un brouillage insupportable de ce qui fait l'individu ou la personne. Il s'agirait donc avant tout d'une catastrophe « identitaire », d'une menace « interne » liée [...] à la représentation même de l'humain ». À la suite de Droit, l'auteur français voit dans le clonage une manipulation altérante de l'identité humaine, car entre les deux univers enchâssés de *La Possibilité d'une île*, Daniel et ses descendants clonés se ressemblent à se confondre sur le plan physique, mais pas sur le plan de l'être dans son essence. Daniel est humain. Par contre, la série de Daniel 1 à Daniel 25 semble appartenir à une espèce qui n'a de l'humain que la morphologie. Lassé de se sentir esseulé, Daniel se suicide, ouvrant par une décision non définie, la porte à des réincarnations successives de néo-humains libérés par l'énergie solaire et les capsules longue durée de sels minéraux de la médiocre et pénible production énergétique de l'alimentation digeste.

Mais le désir atemporel tant recherché par la secte n'est d'aucune signification pour la néo-humanité. Celle-ci vit dans les années 4000 après des catastrophes naturelles qui ont causé d'importants dégâts matériels et humains. Le monde en ce moment offre un visage d'épaves avec une espèce humaine retournée au néolithique. Les clonés vivent dans un espace barricadé pour se couper des rescapés humains devenus sauvages. Le mode de vie y est sans lien et le contact est simplement visuel ou numérique. Le désir sexuel longtemps idolâtré par leurs ancêtres ne leur est pas inhérent. La vie de leurs ancêtres entourée de plaisirs est étrange. L'épilogue est constitué par le récit de vie de

Daniel 25 qui, fatigué de cette existence technique, sans constitution, sans entité relative au désir, habité par le rêve baudelairien de l'ailleurs part seul à la recherche d'une île paradisiaque en côtoyant sans se lier à eux des résidus de l'humanité retournés à l'âge du feu au milieu des ruines de l'an 2000. Daniel 25, comme son ancêtre Daniel, est inadapté à son époque caractérisée par une vie hautement biotechnique. L'époque de Daniel étouffait dans une misère affective et un cynisme ambiant, répercussions logiques de la révolution sexuelle et des mœurs. Celle de Daniel 25 est sans identité et relation humaine, sans les menus plaisirs et convivialités qui sont la base des rapports sociaux. Les néo-humains sont nostalgiques des sentiments humains : l'amour, la souffrance, la passion, le désir et le plaisir. Ne pas éprouver ces affections les persuade de l'inanité de leur existence. Marie 22, Marie 23, Esther 31, etc., expriment le spleen du désir, « l'envie de l'éprouver à nouveau, d'être irradiées comme leurs lointains ancêtres par cette force qui paraissait si puissante » (*PI*, 425). Daniel 25 lui-même est enclin à ce passé humain fait de lyrisme, de peine, de romantisme et d'érotisme. Lassé du sentiment de vide de son existence, il finira par faire une escapade :

> La vie des hommes avait été, en gros, semblable, et placée sous la domination de la souffrance, avec de brefs instants de plaisir liés à la conscientisation de l'instinct, devenu désir dans l'espèce humaine. Celle des néo-humains se voulait apaisée, rationnelle, éloignée du plaisir comme de la souffrance, et mon départ était là pour témoigner de son échec (*PI*, 474-475).

Au regard du vide libidinal, de l'absence de pulsion pouvant meubler l'existence des néo-humains, il est clair pour le romancier que le clonage dépouillerait l'Homme de son essence fondamentale qui est le désir (de ceci ou de cela). Bien que ce dernier soit la source de nos souffrances, il reste et demeure la propriété, la substance qui fait de l'humain ce qu'il est. Les affects ne sont donc pas que du sensible, mais ils relèvent d'une métaphysique qui définit naturellement l'Homme. Vie, force vitale, élan fondamental, principe dynamique du vivant, tels seraient les attributs du désir et de la sensation chez le genre humain. D'après Lavelle (1951 : 19)[7], la seule énonciation du mot *être* suppose une nécessité, une évidence, une matérialité, une expérience, ce que Sartre appelait l'immanence. Du coup, l'on ne saurait parler du non-être dans la mesure où le mot *être* suffit à poser l'objet qu'il désigne et donne à l'existence une portée et une gravité. Du moment où cette évidence est admise, l'être devient universel et il n'y a rien hors de lui. Le non-être, le néant n'existent donc pas. L'être est un fait, il est universel. Dès lors, comment le définir, le déterminer, le discerner ? Il se peut que l'éros soit l'une des déterminations de l'être humain. Plus qu'un simple principe de plaisir confronté à un principe de réalité inhibiteur avec lequel l'individu est quotidiennement en conflit, le désir est une modalité existentielle transcendantale. Un clone sans désir, sans éros, sans amour, sans attache, sans affects ou affections est donc dénaturé dans une certaine mesure.

Si la notion de nature humaine pose d'emblée un caractère métaphysiquement indépassable, on comprend aussitôt pourquoi pour Tsala Mbani (2007 : 12), le clonage humain « consiste à *désontologiser* la nature humaine, en portant atteinte à ses caractéristiques essentielles, en l'occurrence l'autonomie, l'unicité, l'identité et la filiation ». L'affirmation présente trois questions que se pose l'auteur :

> L'être biotechnologique est-il un être humain, fils de Dieu ou de la Nature, jouissant de son autodétermination, de son autonomie, de son identité et de sa liberté, ou alors un être technique, fils de l'homme, ployant sous le joug de l'aliénation [...], de la programmation et de la détermination de l'autre ? Autrement dit,

---

[7] *Introduction à l'ontologie.* Nous citons l'édition numérique réalisée par « Les Classiques des sciences sociales » le 9 janvier 2014, revue le 23 janvier 2014 à Chicoutimi, Ville de Saguenay, Québec.

> l'être issu de l'ingénierie procréatique ou de la biotechnique, dont la configuration ontologique est remodelée, fait-il partie de l'espèce humaine ou de l'espèce technique (*Species Technica*) ? S'il ne justifie pas tous les critères ontologiques qui feraient de lui un être humain, ne s'agit-il pas là d'une atteinte à la nature et à la dignité humaines, assimilable à du terrorisme ontologique ? (*Idem* : 13-14).

À toutes ces questions, l'auteur répond en démontrant que les biotechnologies bouleversent la condition humaine. Le clonage en particulier rompt avec la sexualité biologique et psychique de l'homme. Michel Houellebecq est du même avis. Le romancier semble suggérer l'éradication du désir et des contacts humains par le clonage. Les liens sont ce qui fait de nous des humains. Son roman met en scène des personnages-clones dont l'âme, si tant est qu'ils en disposent, est dépossédée de son élément désirant, à savoir l'éros. Ces personnages amorphes ne sont que des reproductions biotechniques *zombifiées*. L'absence de sexe, d'amour, de désir, de vie sociale, choses liées, essentielles et aussi importantes que la mort selon Grainville (1998), créent en eux un immense vide. Il y a ici une conception métaphysique des entités telles que l'amour, la sexualité, le désir, qui en fait une entéléchie humaine. Cette façon de voir n'est pas différente des philosophies qui assimilent l'éros à un ordre insufflant la vie, l'existence et même le cosmos. D'ailleurs, dans la mythologie grecque, Éros est considéré comme l'une des forces primordiales de la nature, mais également comme le garant de l'harmonie et de la stabilité de l'univers.

Bien plus que la simple pulsion sexuelle et les pratiques ou les représentations dérivées, l'érotisme intègre toute la problématique existentielle de même que toutes les structures de conduite humaine. C'est le problème des problèmes, dit Bataille (*op. cit.* : 7). En l'élargissant symboliquement à tout ce qui meuble la vie humaine – art, philosophie, politique, religion, etc. –, on constate finalement avec Dadoun (2010 : 16) que l'érotisme est le fondement originaire et l'obsédante finalité. Selon cet auteur, l'interrogation « Qui es-tu, être humain ? » [...], « constitue le fond anthropologique ou ontologique sur lequel l'érotisme inscrit ses figures concrètes, grotesques ou admirables, d'une manière si constante et universelle qu'il s'impose comme expression d'une nécessité vitale » (2010 : 105). L'érotisme nous définit depuis l'origine. Il est présent dans toutes nos actions et s'invite sémiologiquement dans la plupart de nos activités. Ces dernières, nous fait observer Guiraud (1979 : 130), ont le même schéma que l'activité sexuelle : désir-action-jouissance. C'est donc sur la base de son corps et de l'érotisme qui l'irradie, l'irrigue jusqu'à son âme et sa conscience que l'homme a conçu le monde et sa vie. Cela fait dire à Merleau-Ponty (1945 : 208) qu'« un homme [...] sans système sexuel est aussi inconcevable qu'un homme sans pensée ». Le rapport de l'homme à la vie, à son environnement, à la société est un rapport érotique. L'érotisme est une merveilleuse machine à illusions qui essentialise et spiritualise le corps (Huston, 2004 : 232). Il faut donc comprendre pourquoi à la vision cartésienne de l'homme en tant qu'un animal pensant, Jean-Luc Marion oppose une nouvelle vision qui s'inspire totalement du phénomène érotique.

Pour cet historien de la philosophie moderne, l'homme est un animal aimant qui « se révèle au contraire à lui-même par la modalité radicale et originaire de l'érotique » (2003 : 18). Si le philosophe admet avec son aîné Descartes que l'*ego* est une chose qui pense, il pense d'abord par la modalité de l'amour, ce qu'il appelle *ego amans* (2003 : 19) à l'opposé de l'*ego cogito* de l'auteur du *Discours de la méthode*. En effet, si penser nous confère la certitude de notre existence, nous pouvons douter des objets qui meublent cette existence par la simple question : « *À quoi bon ?* » (2003 : 32). Notre existence est meublée de toutes sortes de choses certaines dont on ne saurait douter de la tangibilité, au nombre desquelles nous pouvons citer les produits de la technique et les objets des sciences, les propositions de la logique et les vérités de la philosophie. Mais dès que j'opère un choix sur la base de l'utilité ou de ce qui m'importe, ce dernier est l'expression de mon identité, de mon statut, de mon histoire, de ma destinée, de ma mort, de ma naissance et de ma chair, de mon *ipséité* irréductible, bref de mon être-en-soi (2003 : 33). Cette définition érotique de l'homme remonte à Sigmund Freud. Selon Herbert Marcuse (1963 : 114), la « métapsychologie [du père de la psychanalyse], tentant de définir l'essence de l'être, la définit comme Éros, contrairement à sa définition traditionnelle comme Logos ». Freud[8] (1923 : 44) lui-même observe que le *Moi* est chargé « de libido et, devenu ainsi [...] représentant d'Éros, il veut vivre et être aimé ». Avant d'être donc un roseau pensant au sens pascalien du terme, l'homme est d'abord un être érotique « transi et obsédé par des tonalités amoureuses » (2003 : 18). Il n'est alors qu'un être animé par l'amour (au sens métaphorique ou non) qui se manifeste dans ses choix. Et comme le dit Rimbaud dans une préface : « [l]'amour, force naturelle, n'est pas une féerie. Ce n'est pas non plus une maladie de l'âme. C'est une fonction naturelle et sociale » (cité par Piétra, 1957 : 9).

Le clone est donc coupé de sa racine libidinale, amoureuse, érotique, sociale. Il est un corps sans âme, une coquille vide, un ballon de baudruche, une silhouette anthropomorphique à laquelle il manque sensations,

[8] Sigmund Freud (1923). Édition numérique réalisée par Gemma Paquet, à partir de l'essai *Le moi et le ça* publié dans l'ouvrage *Essais de psychanalyse*. Traduction de l'allemand par Dr. S. Jankélévitch en 1920, revue par l'auteur. Réimpression : Paris, Éditions Payot, 1968, (pp. 177 à 234), 280 pages. Collection : Petite bibliothèque Payot, nº 44. Traduction précédemment publiée dans « Bibliothèque scientifique » des Éditions Payot.

effusions et épanchements. Dépourvue d'énergie ou de force désirante, la vie du clone humain dans le roman de Michel Houellebecq se limite à des gestes mécaniques. Son esprit, sa psychologie se caractérisent par une absence de volonté au sens schopenhauerien du terme ; son corps étant moins une constitution organique qu'une masse chimique de reproduction génético-cellulaire privée d'instinct vital, à savoir le désir (sexuel).

Conclusion

À l'issue de cette réflexion, il est clair que la fiction de Michel Houellebecq se réfère au monde occidental. La structure enchâssée de l'œuvre offre au romancier la possibilité de donner à voir et à penser deux réalités importantes. L'une est relative aux mœurs libérales, voire libertines de l'Occident contemporain, l'autre renvoie à la montée en puissance des biotechnologies qui menacent l'identité humaine. Par la mise en scène des clones identiques à leurs ancêtres, mais vides émotionnellement, amoureusement, socialement et érotiquement, le romancier semble pointer du doigt la dangerosité du clonage pour ce que l'espèce humaine a de naturel, d'indépassable et d'inaltérable. Même si le romancier dépeint une société occidentale où l'ultralibéralisme est aujourd'hui mère d'une idéologie hédoniste, il en vient, sous fond de mise en abyme, au travers des personnages clonés, à postuler le désir comme une essence.

Le fait que les clones du roman se sentent désincarnés parce qu'en manque de désir ou parce qu'ils en sont nostalgiques, laisse entrevoir le désir et ses corolaires (amour, éros, affects, etc.) sous l'angle d'une idiosyncrasie typique à l'homme. Le désir, au sens érotique du terme, ne se réduit pas à la simple génitalité, mais relève de la spiritualité, émane d'une certaine métaphysique sans laquelle l'existence humaine n'aurait pas d'agréments, voire d'enjeux. Ainsi, le clonage, tel que le suggère l'écrivain français, s'apparente à la fin de l'homme en tant qu'*homos eroticus*, à la mise à mort de son entité désirante, source de ses angoisses, de ses souffrances certes, mais aussi de ses envies et des modalités de son existence. Le désir humain serait alors un souffle divin qui dépasse l'empirisme, la matérialité des corps et qui se situe dans une dimension intégrante, globalisante, définitoire, bref *substantialisante* du *Dasein.*

Références bibliographiques

Angenot, Marc (1992), « Présentation », *in La politique du texte. Enjeux sociocritiques*, Textes réunis et présentés par Jacques Neefs et Marie-Claire Ropars, Presses universitaires de Lille, pp. 10-25.

Aragon, Louis (1980), *Le Mentir-vrai*, Paris, Gallimard.

Aubert, Nathalie (2002), « Absurde », *in* Paul Aron, Denis Saint-Jacques & Alain Viala (s/d), *Le Dictionnaire du littéraire*, Paris, Presses universitaires de France, pp. 1-2.

Badré, Frédéric (1998), « Une Nouvelle Tendance en littérature », *in Le Monde*, le 3 octobre, p. 14.

Barthes, Roland [1979] (2000), *Le Plaisir du texte*, Paris, Le Seuil.

Barthes, Roland (1968), « L'effet de réel », *in Communications*, N° 11, pp. 84-89.

Bataille, Georges (1957), *L'Érotisme*, Paris, Les Éditions de Minuit.

Bernard, Michel (1995), *Le Corps*, Paris, Le Seuil.

Bernier, Marc André & Saint-Jacques, Denis (2002), « Personnage », *in* Paul Aron, Denis Saint-Jacques & Alain Viala (s/d), *Le Dictionnaire du littéraire*, Paris, Presses universitaires de France, pp. 434-435.

Dadoun, Roger (2010), *L'Érotisme. De l'obscène au sublime*, Paris, Presses universitaires de France.

Dirkx, Paul (2000), *Sociologie de la littérature*, Paris, Armand Colin/HER.

Droit, Roger-Pol (1999), « L'identité perturbée », *in Le Clonage humain*, Paris, Le Seuil, pp. 172-184.

Duchet, Claude (1979), *Sociocritique*, Paris, Nathan.

Eboussi Boulaga, Fabien (2011), « Préface : le topos de l'exil et son poème », *in* Pierre Fandio et Hervé Tchumkam (s/d), *Exils et migrations postcoloniales. De l'urgence du départ à la nécessité du retour*, Yaoundé, Ifriqiya, pp. 9-27.

Fukuyama, Francis (2002), *La Fin de l'homme*, Paris, La Table ronde.

Erman, Michel (2006), *Poétique du personnage de roman*, Paris, Ellipses.

Ferry, Luc (2014), *De l'amour. Une philosophie pour le XXI*[e] *siècle*, Paris, Odile Jacob.

Foucault, Michel (1976), *Histoire de la sexualité. La volonté de savoir*. Vol. 1, Paris, Gallimard.

Freud, Sigmund (1923), *Le moi et le ça*, Paris, Payot et Rivages.

Gauvin, François (2016), « Michel Houellebecq : "Je suis un disciple imparfait de Schopenhauer" », *in Le Point*. [En ligne], ULR : http://www.lepoint.fr/culture/michel-houellebecq-je-suis-un-disciple-imparfait-de-schopenhauer-14-10-2016-2075857_3.php (Page consultée le 04/12/17).

Gazalé, Olivia (2012), *Je t'aime à la philo. Quand les philosophes parlent d'amour et de sexe*, Paris, Robert Laffont.

Granger, Remy Maud (2006), *Le Roman posthumain*, A dissertion submitted in partial fulfillment of the requirements for the degree of Doctor of Philosophy, Department of French. New York university.

Grainville, Patrick (1998), « Le roman baroque, c'est aller à l'excès, le mélange des genres, l'horreur du vide », mercredi, 1er juillet, Propos recueillis par Guillaume Chérel, En ligne, http://www.regards.fr/spip.php?page=imprimir_articulo&id_article=1049 (Page consultée le 12/04/18).

Hamon, Philippe (1984), *Texte et idéologie*, Paris, Presses universitaires de France.

Houellebecq, Michel (1994), *Extension du domaine de la lutte*, Paris, Maurice Nadeau.

Houellebecq, Michel [1991] (1999), *H.P. Lovecraft. Contre le monde, contre la vie*, Paris, J'ai lu.

Houellebecq, Michel (2005), *La Possibilité d'une île*, Paris, Flammarion.

Huntington, Samuel Paul (2000), *Le choc des civilisations*, Paris, Odile Jacob.

Huston, Nancy (2004), *Professeur de désespoir*, Paris, ACTES SUD.

Jouve, Vincent (1997), *La Poétique du roman*, Paris, SEDES.

Lavelle, Louis [1947, 1950] (1951), *Introduction à l'ontologie*, Paris, Presses universitaires de France.

Marcuse, Herbert (1963), *Éros et Civilisation. Contribution à Freud*, Paris, Les Éditions de Minuit.

Marion, Jean-Luc (2003), *Le Phénomène érotique*, Paris, Éditions Grasset et Fasquelle.

Melman, Charles (2002), *L'Homme sans gravité. Jouir à tout prix*. Entretiens avec Jean-Pierre Lebrun, Paris, Denoël.

Merleau-Ponty (1945), *Phénoménologie de la perception*, Paris, Gallimard.

Morin, Edgar (2001), *La méthode 5. L'humanité de l'humanité. L'identité humaine*, Paris, Le Seuil.

Nietzche, Friedrich (1988), *Le Crépuscule des idoles*, Paris, Folio.

Ogien, Ruwen (2014), *Philosopher ou faire l'amour*, Paris, Grasset & Fasquelle.

Robin, Régine (1992), « Pour une socio-poétique de l'imaginaire social », in *La Politique du texte. Enjeux sociocritiques*, Textes réunis et présentés par Jacques Neefs et Marie-Claire Ropars, Presses universitaires de Lille, pp. 95-121.

Rouart, Jean-Marie (2015), *Ces amis qui enchantent la vie*, Paris, Robert Laffont.

Saint-Gelais, Richard (2002), « Fiction », *in* Paul Aron, Denis Saint-Jacques & Alain Viala (s/d), *Le Dictionnaire du littéraire*, Paris, Presses universitaires de France, pp. 225-226.

Tsala Mbani, André Liboire (2007), *Biotechnologies et nature humaine. Vers un terrorisme ontologique ?*, Paris, L'Harmattan.

Yogno Tabeko, Williams Fulbert (2016), « Vers la mort de la mort ? », *in* Bingono, Emmanuel (S/d), *L'identité entre actualisation de soi et conscience sociale*, Paris, L'Harmattan, pp. 31-48.

Zima, Pierre V. (2000), *Manuel de sociocritique*, Paris, L'Harmattan.

VI

Les biotechnologies et la question du fondement des droits humains

Bilakani TONYEME

Université de Lomé, Togo

Résumé : Les biotechnologies, en tant qu'action sur le vivant en vue de l'améliorer et de surmonter certains handicaps biologiques, sont de nos jours une nécessité vitale. Elles ont atteint un niveau de perfectionnement et de prouesses remarquables qui les différencie qualitativement des techniques embryonnaires des temps anciens. Elles permettent d'intervenir directement sur le génome du vivant et de le modifier pour combler certaines lacunes que l'homme rencontre dans son existence et lui procurer ainsi un bien-être de plus en plus intéressant. En même temps, ces biotechnologies, par les possibilités qu'elles offrent, soulèvent des questions d'ordre éthiques et ontologiques : quelles sont les limites à la manipulation biologique du vivant pour ne pas porter atteinte à l'intégrité morale de l'homme ? Peut-on modifier la substance biologique du vivant sans remettre en cause sa constitution ontologique ? Les biotechnologies posent ainsi le problème du rapport de la manipulation du vivant aux droits humains : ceux-ci trouvent leur fondement, notamment leur universalité et leur nécessité, dans la nature humaine transcendante, dans des prérogatives naturelles codifiées par le droit positif. En touchant à la base biologique même de l'humain, grâce aux techniques avancées de manipulation du vivant, ce fondement est remis en cause, car on postule un transhumain ou un surhumain né de la volonté humaine ; ce qui rend *de facto* les questions des droits humains et de la dignité humaine aléatoires. Pour les fonder à l'ère des biotechnologies, il importe de postuler l'avènement d'une nouvelle bioéthique fondée sur le débat public, portant sur ce qu'il est admis de faire malgré les possibilités offertes et sur la responsabilité du biotechnicien et des acteurs sociopolitiques.

Mots-clés : biotechnologie, droits humains, dignité, génome humain, manipulation génétique.

Introduction

Depuis quelques années, les recherches en biologie ont connu des progrès très significatifs. Ces progrès concernent non seulement la compréhension de l'organisation et le fonctionnement du vivant, mais aussi des possibilités de manipulation de celui-ci en vue de sa transformation radicale. L'eugénisme, avec le décryptage du génome humain, a permis d'identifier toutes sortes d'informations génétiques, de les modifier dans le but de corriger une malformation génétique et d'améliorer le vivant. Ce progrès a permis de mieux comprendre chez l'homme l'origine de certaines maladies comme la trisomie 21, la drépanocytose, la myopathie, etc. Cela contribue ces dernières années à anticiper, avant même la conception de certains enfants, l'apparition de certaines maladies dont ils pourraient être porteurs et à les éviter.

Ces prouesses des sciences du vivant sont possibles grâce à l'invention de nouveaux outils technologiques qui ont servi d'appui indispensable, notamment de puissants ordinateurs qui ont permis de décrypter le génome humain en un temps record, ce qui a rendu le coût de cette opération très abordable[1]. La facilitation des opérations sur le vivant a suscité l'envie chez certaines personnes d'améliorer l'humain et, partant, de pouvoir modifier positivement l'espèce humaine du futur. C'est tout simplement la création d'humains suivant les désirs des uns et des autres qui est envisagée. Mais ces prétentions de créer l'homme à l'image (et suivant) des désirs de l'homme ne vont pas sans

[1] Le séquençage du génome humain a été lancé en 1990 et a pris fin en 2003, soit 13 ans après. Le coût estimatif était de l'ordre de millions d'euros. Grâce à l'invention de nouvelles machines plus puissantes, le temps du séquençage a énormément diminué ainsi que le prix. Ainsi, l'invention en 2014 du puissant ordinateur de 1,8 térabits, Illumina, a permis de séquencer 16 génomes humains en 3 jours seulement et diminué les prix d'environ 1000 euros par séquençage.

poser de problèmes éthiques sur lesquels beaucoup de penseurs ont attiré l'attention de l'humanité : est-il moralement acceptable de modifier l'humain ? Ne pouvant pas prévoir toutes les conséquences à venir de ces manipulations, est-il prudent de prendre des risques d'une déshumanisation du genre humain ? (Puech, 2008).

Mais au-delà des problèmes éthiques suscités par ces possibilités biotechnologiques, c'est un problème fondamental des droits humains que posent à l'humanité ces éventuelles manipulations (Labrusse-Riou, 1989). En effet, toutes nos théories actuelles des droits humains et leur défense (la dignité de l'homme, la sacralisation et le respect de la vie, etc.) énoncées à travers les différentes déclarations et contenues dans les différents accords et protocoles se basent sur l'idée qu'il existe une nature humaine dont l'essence ne dépend ni de la volonté humaine ni de son action. Cette nature transcende l'homme lui-même, car il ne peut se créer. Mais les biotechnologies permettant de manipuler l'homme dans sa composition biologique au lieu de laisser ce biologique évoluer naturellement en lui, ne sont-ce pas les fondements mêmes des droits humains qui sont ébranlés ? Si toutes les possibilités ouvertes par la génétique sont mises en œuvre sans se poser des questions sur les limites entre le possible et le faisable, n'est-ce pas le caractère sacré même de l'homme qui sera remis en cause ? La dignité humaine aura-t-elle encore un sens puisque l'on pourra commander l'homme à la carte suivant ses désirs et caprices ?

L'objectif principal de cette contribution est de participer à la recherche de repères théoriques permettant que les évolutions récentes dans le domaine des biotechnologies ne sapent pas les bases de l'humanisme, mais qu'elles contribuent à asseoir plus solidement et à protéger plus efficacement les droits de l'homme. Notre approche méthodologique qui est à la fois descriptive et analytique consiste à partir des évolutions biotechnologiques, notamment sur l'homme, pour envisager les questions des droits de l'homme que ces évolutions posent et les pistes de solution. Pour y parvenir, notre contribution procède d'abord à une clarification sur les biotechnologies, notamment ce qu'elles sont et leur origine, avant d'aborder les problèmes éthiques qu'elles suscitent dans leur évolution. Ensuite, elle soulève un des problèmes philosophiques actuels que posent le développement des biotechnologies et leur déploiement sur l'homme : la mise en cause d'une origine naturelle du biologique chez l'homme qui constitue la base des droits de l'homme. Enfin, elle esquisse des repères pour que les avancées biotechnologiques sur l'homme ne mettent pas en cause son identité ontologique, source des droits de l'homme, mais qu'elles contribuent plutôt à les renforcer.

1. Les biotechnologies : une réponse aux difficultés rencontrées par l'homme

1.1. Au commencement étaient les problèmes humains

L'histoire des sciences et technologies est l'histoire d'un progrès constant. Des techniques embryonnaires antiques aux technologies de pointe de nos jours, les domaines comme la physique, la chimie, les mathématiques, la biologie ont connu des progrès indéniables. Dans le domaine de l'étude du vivant, la spécialisation a fait naître des branches comme la biologie moléculaire, la génétique, la biophysique, la biochimie, la microbiologie, etc. Avec l'introduction de la robotique et de l'informatique dans les différentes spécialisations précitées, on voit naître les biotechnologies. Du grec *bio* qui veut dire « vie » et *technè* qui signifie « technique, pratique », la biotechnologie peut se définir comme l'application de la science [physique, chimie, mathématique...] et de la technologie [informatique, robotique...] à des organismes vivants, de même qu'à ses [sic] composantes, produits et modélisations, pour modifier les matériaux vivants et non-vivants aux fins de la production de connaissances, de biens et services (OCDE, 2005).

La *Convention des Nations-Unies sur la diversité biologique* (1992), en son article 2, définit la biotechnologie comme « toute application technologique qui utilise des systèmes biologiques, des organismes vivants ou des dérivés de ceux-ci, pour fabriquer ou modifier des produits ou des procédés à usage spécifique ». Telle que définie, la biotechnologie peut se comprendre comme toute manipulation qui porte sur le vivant et ses dérivés, quelle que soit leur nature. Elle mobilise un ensemble diversifié de sciences et de techniques pour opérer sur le vivant. C'est pourquoi on parle généralement des biotechnologies (au pluriel), car chacune de ces sciences et techniques aborde le vivant à sa manière et s'occupe de l'un de ses aspects. C'est la complémentarité entre ces différents aspects qui permet de nos jours les grandes prouesses des biotechnologies. Enfin, ces biotechnologies ont des orientations pratiques, car elles sont inscrites dans plusieurs domaines d'application et développent de nouveaux produits pour la santé de l'homme, la qualité et la sécurité de son alimentation, la protection de l'environnement. Elles font ainsi partie du quotidien ordinaire de l'homme.

Selon Makanga (2005), bien que les biotechnologies soient récentes, l'intention humaine d'utiliser des techniques sur le vivant pour créer des produits et/ou améliorer le quotidien est inscrite dans l'histoire humaine. L'homme a toujours fait preuve d'ingéniosité pour mettre au point des outils et des produits pour son existence. Douzou, Durand et Siclet (1983 : 3) considèrent que la fermentation, une technique très ancienne de fabrication de la bière, est l'ancêtre et le début effectif du développement des biotechnologies : « les biotechnologies dérivent des fermentations et donc de méthodes ancestrales, qui bénéficient de l'apport récent de connaissances relatives aux cellules vivantes dont l'exploitation rationnelle est désormais à la portée de l'homme ». On n'aurait certes pas imaginé à ces temps immémoriaux que les techniques rudimentaires anciennes pourraient permettre d'arriver à l'ingéniosité actuelle. Mais ce sont ces techniques ancestrales qui ont contribué à l'élaboration progressive des savoirs biotechnologiques aboutis de nos jours.

Même si l'acte de naissance des biotechnologies modernes fut établi à partir du XVIIe siècle – « car c'est à cette période que l'existence réelle du dégagement gazeux fut formellement identifiée et certifiée par la chimie moderne grâce à la fermentation par ébullition » (Makanga, 2005) –, c'est surtout au XVIIIe siècle que Lavoisier parviendra à faire « une interprétation chimique correcte de la fermentation alcoolique, c'est-à-dire de la concertation des sucres en absence d'air en alcool et en gaz carbonique » (Douzou, Durand, Siclet, 1983 : 6). Les sciences physiques modernes ont donc hérité des pratiques ancestrales pour parvenir à leur niveau actuel. « C'est au début du XIXe siècle que fut établi le pouvoir de fermentation d'extraits de tissus végétaux et animaux, de sécrétions, agissant comme de puissants catalyseurs qui furent appelés « ferments » et bien plus tard enzymes, et qui furent isolés et identifiés, notamment par Berthelot » (Douzou, Durand, Siclet, 1983 : 6). Ce sera Louis Pasteur qui, en postulant que la fermentation relève du vivant et non des réactions purement chimiques, montrera la capacité de la technique à agir sur le vivant pour produire des éléments utiles à l'existence. Les résultats furent l'invention de certains médicaments pour le traitement des maladies et la fabrication des vaccins.

À partir de ce qui précède, on peut donc dire que les biotechnologies, en tant que techniques de manipulation du vivant pour produire des éléments ou des services pour les besoins de l'homme, sont aussi vieilles que l'homme. Mais leur modernité et leur capacité à opérer de grandes prouesses sont récentes. C'est des besoins humains, des problèmes rencontrés par l'homme que sont nées et croissent ces biotechnologies. En effet, si le désir humain d'améliorer la productivité agricole a fait naître des techniques rudimentaires de greffes de plantes (ancêtre de la génétique et de l'eugénisme) pour donner de meilleurs produits agricoles ; et que l'envie de produire une boisson plus agréable que l'eau a fait naître les premières techniques rudimentaires de fermentation, les problèmes humains liés à la reproduction font naître la fécondation *in vitro* et les techniques de procréation médicalement assistée (PMA) qui tendent à se passer non seulement de l'acte sexuel, mais aussi des gamètes (mâles et femelles).

Aussi, la récurrence des maladies cardiovasculaires et les dommages qu'elles infligent aux organes humains vitaux (cœur, reins, etc.) ont-ils poussé les recherches biotechnologiques à envisager des solutions de remplacement des organes humains défaillants par des organes artificiels et/ou par ceux d'autres animaux. Les différentes expériences plus ou moins réussies d'une société française de fabrication et d'implantation de cœurs artificiels[2] relèvent de cet ordre. Il est sérieusement envisagé, devant la pénurie des organes humains, de transplanter les organes d'animaux[3] aux demandeurs. À ce

[2] La société française CARMAT a inventé et transplanté le premier cœur artificiel à titre d'essai sur au moins 2 malades en France. Le 5 avril 2018, cette société a commencé la dernière phase de l'expérimentation clinique avant la commercialisation.

[3] Les chirurgiens de la transplantation se plaignent partout depuis des années de la pénurie chronique d'organes. En 2010, près de 70% des

sujet, de nombreuses expériences sont en cours. On pourrait citer des exemples à profusion pour montrer comment les problèmes que rencontre l'homme sont à l'origine des progrès des biotechnologies : les organismes génétiquement modifiés (OGM) pour pallier les problèmes agricoles (désherbage, attaque des cultures par des bactéries et insectes…), des tentatives de (re)création d'animaux disparus ou en voie de disparition grâce aux techniques biologiques avancées (eugénisme par exemple) pour lutter contre la disparition de la biodiversité, etc.

Malheureusement, ces pratiques biotechnologiques inventées pour être au service de l'homme connaissent des applications discutables. Aux plans éthique et ontologique, des questions peuvent se poser relativement aux conséquences des applications sur l'homme. Aujourd'hui, l'inventivité de l'homme dans le domaine des biotechnologies peut conduire à des conséquences dangereuses, voire tragiques, criminelles et déstabilisatrices de l'organisme humain ; permettant ainsi de poser la question philosophique de l'Être : l'homme a-t-il une nature humaine que doivent respecter toutes les manipulations ou peut-on le transformer comme on veut puisqu'il n'aurait pas une essence ? Ces conséquences doivent être connues dans le but de repenser les bases des biotechnologies pour qu'elles n'amènent pas l'homme à des fins contraires à ce qu'elles visent pour lui : son bien-être existentiel et non sa destruction.

15.613 patients qui attendaient un rein, un foie ou un cœur en France n'ont pu être satisfaits. Pour remédier à cette situation et faciliter les transplantations d'organes, la piste des organes animaux a été envisagée et les essais sont en cours.

1.2. Les questions éthiques et ontologiques des avancées des biotechnologies

Les biotechnologies, par leurs performances et leurs productions concrètes, ont envahi le quotidien humain dans les sociétés capitalistes les plus avancées et elles ont commencé à faire leur entrée dans les pays en voie de développement. Elles sont applicables et appliquées dans tous les domaines. Elles sont en train de « transformer à terme la vie des individus et le profil de leur société » (Douzou, Durand, Siclet, 1983 : 3). C'est surtout dans les domaines de l'agriculture et de la médecine qu'aujourd'hui les progrès biotechnologiques sont plus fulgurants. Ces progrès posent en même temps des problèmes à la fois éthiques et ontologiques.

En effet, les possibilités nées de l'avancée des biotechnologies ont donné lieu à diverses manipulations permettant de résoudre certains problèmes humains. Mais en même temps, ces manipulations sont sujettes à des « déviances » éthiques faisant craindre que les biotechnologies portent atteinte à la morale sociale. « Les progrès fulgurants de la biologie et de la génétique moléculaire inquiètent et fascinent tout à la fois » (Douzou, Durand, Siclet, 1983 : 124). Beaucoup de pratiques des biotechnologies sont considérées dans certaines sociétés comme n'étant pas conformes à certaines de leurs valeurs (respect des caractéristiques biologiques du vivant par exemple, le lien considéré dans certains milieux culturels comme intrinsèque entre l'amour et la procréation ou entre le mariage et la procréation, etc.) et non respectueuses des exigences éthiques. En effet, s'il est indéniable que les performances génétiques ont permis par exemple l'invention des organismes génétiquement modifiés (OGM) résolvant ainsi certains problèmes agro-alimentaires tout comme la guérison de certaines maladies d'origine génétique pour casser la chaîne de transmission intergénérationnelle, une telle possibilité d'agir sur les gènes peut poser problème. Puech (2008 : 107) observe qu'elle crée des dissensions :

> Pour éradiquer certaines maladies d'origine génétique ou pour atténuer les prédispositions à certaines pathologies, la modification du génome humain serait une intervention technologique dans la définition génétique de l'humanité. Selon certaines valeurs, ce serait une pratique eugénique qui transgresserait un domaine sacré. Selon d'autres valeurs, ce serait la continuation [...] de l'éradication réussie de maladies comme la variole, ce serait la continuation des pratiques de vaccination et de prévention que personne ne remet plus sérieusement en question. Mais intervenir directement sur le patrimoine génétique de l'humain ne fait pas consensus, telle est la donnée de base.

La question éthique de base de ces interventions est simple : est-il moralement acceptable de modifier le patrimoine génétique de l'homme ? Une telle question sous-tend deux inquiétudes majeures : premièrement, l'homme est-il autorisé à modifier ce qu'il n'a pas créé et dont il ne maîtrise pas tous les tenants et les aboutissants pour envisager les conséquences possibles à court, moyen et long termes ? Deuxièmement, ces manipulations ne pourront-elles pas conduire à produire des êtres et des choses originaux adaptés aux désirs et aux caprices humains ? La première question fait écho à beaucoup de scandales sociaux ces dernières années : les scandales des prothèses mammaires PIP[4] en France, la production des semences génétiquement modifiées qui ont fini par résister à tous les produits phytosanitaires, le lien désormais établi entre le glyphosate (un produit désherbant de la firme américaine

[4] La société française *Poly Implant Prothèse* (PIP) est une société de fabrication d'implants mammaires. Dans les années 2000, leurs implants seront déclarés défaillants et à l'origine de ruptures et de maladies. Pourtant, ces implants, conseillés par le ministère français de la Santé, étaient portés par plus de 300.000 femmes sur le territoire français et environ 500.000 femmes dans le monde.

Monsanto[5]) et certaines maladies apparues chez les utilisateurs ou ceux qui sont exposés à ce produit, la décimation de colonies entières d'abeilles à cause de l'utilisation de certains produits de traitement des cultures, etc. Ces exemples, loin de poser seulement des problèmes de santé publique, soulèvent des problèmes éthiques fondamentaux : que sommes-nous autorisés à faire sur le vivant grâce aux possibilités offertes par la science ? Aurons-nous la conscience tranquille devant les conséquences négatives de l'application des biotechnologies aux résultats imprévisibles sur le vivant ?

Les scandales susmentionnés montrent que la nature peut réagir à sa manière face aux manipulations humaines, ce qui ne laisse pas présager des répercussions proches ou lointaines. Aujourd'hui, on n'a pas de recul nécessaire pour mesurer les effets de la consommation des OGM. On a quand même remarqué l'apparition de certaines anomalies chez certains animaux nourris exclusivement à base de produits transgéniques[6], ce qui laisse assez perplexe. Toutes

---

[5] *Monsato* est une société américaine de production des intrants agricoles. L'un de leurs produits phares est un herbicide puissant et adapté à toutes les herbes, le Glyphosate. Ces dernières années, des études ont montré un lien étroit entre l'utilisation de cet herbicide et l'apparition de certaines formes de cancer.

[6] Nous faisons ici référence, entre autres, à l'étude d'Ewen et Pusztai (1999). Ceux-ci « ont divisé une population de rats en trois groupes : le premier a été nourri avec des pommes de terre standards ; un second a reçu des pommes de terre modifiées génétiquement par l'ajout d'un gène codant une lectine, la « Galanthus nivalis agglutinin », qui confère une résistance aux insectes ; le troisième groupe recevait des pommes de terre n'appartenant pas à des variétés transgéniques, mais auxquelles la lectine avait été ajoutée. Les auteurs ont mesuré deux paramètres : l'épaisseur de la muqueuse intestinale et le degré d'infiltration lymphocytaire dans l'intestin. Ils concluent que la consommation de variétés transgéniques est associée de façon significative avec un épaississement de la paroi intestinale. Ils ont constaté que l'invasion lymphocytaire est plus forte chez les rats ayant consommé des variétés

ces techniques avancées sur le vivant peuvent être considérées comme un pari très risqué, car ces manipulations peuvent conduire à la création d'autres êtres vivants inattendus et difficiles à maîtriser par l'être humain. En manipulant les bactéries par exemple, il est possible d'en créer, et qui soient nocives à l'homme. Ceci pose ainsi le problème éthique de la responsabilité humaine dans une éventuelle destruction de l'homme. La deuxième inquiétude renvoie aux questions liées au décryptage du génome humain aujourd'hui. Ce décryptage, fait grâce à la technologie et aux ordinateurs de plus en plus puissants, a permis de déceler sur ce génome le lieu de localisation de chaque information génétique qui constitue l'identité génétique de l'individu : la taille, la couleur de la peau, le sexe, etc. La localisation et l'isolement possibles de ces informations ouvrent la possibilité de leur modification, si une de ces informations génétiques pose problème, comme par exemple engendrer une maladie héréditaire. Aussi, peut-on agir directement sur l'information génétique porteuse d'une maladie comme la trisomie 21 pour la corriger et bloquer la transmission de ce défaut biologique aux générations futures.

Si les intentions de départ étaient de résoudre les problèmes humains, les conséquences inattendues sont que désormais, il est facile de produire des humains « sur commande », selon ce que l'on veut. On pourrait demander par exemple à avoir un enfant blanc de sexe masculin, aux yeux bleus, aux cheveux roux, avec une taille d'au moins 1,80 m, etc. Si pour le moment, ceux qui auraient ces intentions sont dissuadés par les lois et peut-être, par une certaine éthique sociale, les tentatives de produire des animaux sur commande sont nombreuses ces dernières

---

transgéniques ou des pommes de terre auxquelles la lectine a été ajoutée » (Institut de santé publique de Québec, 2001 : 13).

années. Et rien ne garantit que demain, de la même manière, l'homme n'en arrive à la production de son « semblable ». Il se pose alors un problème éthique fondamental : est-il éthiquement acceptable de reproduire les humains selon les caprices des autres ?

En dehors des questions éthiques soulevées par les performances des biotechnologies, l'un des problèmes philosophiques que celles-ci posent à l'humanité aujourd'hui est la question ontologique du vivant. Ce problème peut être énoncé en ces termes : une plante génétiquement modifiée peut-elle être encore assimilée à la plante d'origine ? Un animal cloné demeure-t-il le même animal ? Un homme génétiquement modifié est-il encore un homme ou devient-il une machine humaine ? Si matériellement, nous avons les possibilités d'agir sur les gènes, pourquoi, se demande Habermas (2002), ne pas s'autoriser à améliorer l'homme ? Pourquoi ne pas favoriser l'auto-optimisation de l'humanité ? Bref, pourquoi pas l'eugénisme ? Ainsi, les manipulations du gène peuvent laisser envisager le post-humain.

Toutefois, envisager le post-humain désormais créé par l'homme et non le fruit d'une transcendance ou d'un hasard de transformations biologiques, pose deux difficultés. La première difficulté est inhérente aux spécificités et aux limites : qu'est-on autorisé à faire sur l'humain ? Qu'est-ce qui ne doit pas être fait ? Et pourquoi ? Quelles peuvent être les conséquences de telles actions sur l'homme ? La seconde difficulté est d'ordre ontologique. Si nous considérons l'ontologie comme ce qui fait qu'un être est ce qu'il est, sa substance, on peut considérer sur le plan biologique que l'information génétique fait partie de l'essence d'un être vivant. Dans ce cas, manipuler les gènes, modifier l'information génétique, n'est-ce pas vouloir changer son être ? Les biotechnologies sapent ainsi le fondement même du vivant en portant physiologiquement atteinte à sa nature. Fukuyama (2002) disait déjà que les biotechnologies sont désormais susceptibles de modifier le corps et l'esprit humain de façon irréversible. C'est surtout par rapport à la modification de ce dernier, modification consécutive (en tant que conséquence psychosociologique) à la modification biologique, que se posent les problèmes ontologique et éthique, car les biotechnologies, en se déployant sur l'homme, sont susceptibles d'entraîner l'hétéronomie de la volonté, la perte ou la perturbation du discernement de l'entendement humain. Elles sont ainsi capables de créer une nouvelle espèce biologique. Est-il dans ce cas souhaitable de modifier l'état biologique actuel de l'homme pour rentrer dans une nouvelle ère : celle de la post-humanité ? Autrement dit, dans la mesure où la modification de l'état biologique de l'homme peut entraîner la modification de l'esprit et de la perception même de l'homme par lui-même, est-il souhaitable de faire évoluer cet esprit humain sur lequel se sont fondés tous les postulats de la dignité humaine ? Les biotechnologies, en donnant les moyens à l'homme de manipuler le vivant à sa guise, ne contribuent-elles pas à questionner l'existence d'une certaine permanence chez le vivant et dont le reflet est sa constitution biologique ? Or si les biotechnologies amènent à s'interroger sur une certaine permanence chez le vivant, c'est parce qu'elles ouvrent ainsi la porte à la remise en cause chez l'homme de ses droits qui se fondent sur cette persistance du Même dans la variabilité : l'Un et le Multiple qui constituent les bases philosophiques du droit à la vie, de la préservation de l'intégrité physique, de la propriété, de la pensée libre, etc., toutes choses qui sont l'armature des droits de l'homme.

2. Biotechnologies et fondement des droits de l'homme

2.1. Le problème du fondement des droits de l'homme face aux manipulations biotechnologiques

Parmi les questions philosophiques que soulèvent les différentes théories modernes des droits de l'homme, celle de leur justification revient toujours en tant que point de départ de leur universalité. Comment interpréter les droits de l'homme ? Sont-ils l'expression de la volonté populaire de codifier la pensée et les habitudes issues de l'évolution socioculturelle de l'homme ou sont-ils issus des droits naturels que l'homme possède par essence et qui préexistent à leur constatation et à leur déclaration dans les différents documents relatifs à la protection de l'homme ? La première conception, positive, fait des droits de l'homme le fruit de la volonté humaine inscrite dans les règles du droit. Les droits de l'homme seraient *de facto* aléatoires et relatifs au milieu socioculturel. C'est là où se situe la faiblesse d'une telle conception : l'incapacité de fonder l'universalité des droits de l'homme. La deuxième conception qui est *jusnaturaliste* fonde les droits de l'homme sur des principes naturels inhérents à la nature humaine qui est par essence universelle. Cette nature, considérée chez certains philosophes contractualistes comme une fiction méthodologique, trouve sa réalité dans le biologique avec les spécificités chromosomiques humaines et la complexité du cerveau de l'homme qui n'a pas de semblable chez d'autres vivants. Au-delà des critiques que cette seconde thèse soulève, elle demeure dominante, mais elle semble justement remise en cause de nos jours par les manipulations biotechnologiques.

Selon des auteurs comme Grotius (2005), Locke (2002), Hobbes (2000), le droit naturel, considéré comme un ensemble de principes immuables et universels issus de la nature humaine, et antérieurs au droit positif et à la morale, doit être à la base de tout droit social, y compris les droits de l'homme. Le droit naturel peut être conçu comme un idéal auquel aspire la société civile ou comme la source d'où provient toute régulation juridique et morale. On oppose le droit naturel au droit positif et aux promulgations de la société civile. Les philosophes grecs de l'Antiquité sont les premiers à élaborer une doctrine du droit naturel. Au VIe siècle avant Jésus-Christ, Héraclite (1988 : 80) parlait d'une sagesse commune qui pénètre l'univers entier, « car toutes les lois humaines sont nourries par une loi unique, la loi divine ». Les Stoïciens, en particulier Chrysippe, élaborent une théorie systématique du droit naturel. Pour le stoïcisme, le cosmos dans sa totalité est ordonné rationnellement par un principe actif, le logos, indifféremment appelé Dieu, esprit ou destin. Chaque nature individuelle fait partie intégrante du cosmos. Vivre vertueusement signifie vivre en accord avec sa propre nature, vivre selon la raison. La passion et l'émotion étant considérées comme des mouvements irrationnels de l'âme, l'individu sage cherche à s'en détacher et à mener sa vie selon la raison. Cette doctrine est diffusée chez les Romains par Cicéron qui décrit le droit naturel dans *De Republica* (1994 : 25) :

> La loi vraie est la raison juste en accord avec la Nature ; elle est d'application universelle, invariable et éternelle ; elle invite au devoir par ses commandements et détourne du mauvais chemin par ses interdictions [...]. Les lois ne seront pas différentes à Rome ou à Athènes, et elles ne différeront pas d'un jour à l'autre : une seule loi éternelle et invariable sera valide pour toutes les nations et en tout temps.

Mais le juriste hollandais du XVIIe siècle Grotius est considéré comme le fondateur de la théorie moderne du droit naturel qu'il définit comme un ensemble de règles que l'usage de la raison permet de découvrir. Mais en émettant l'hypothèse que la validité de cette loi demeure inchangée même en l'absence de Dieu ou en l'absence d'intérêt de celui-ci pour les affaires humaines, il rompt avec les présupposés théologiques et se démarque de la méthode scolastique, ouvrant ainsi la voie aux théories purement rationalistes des XVIIe et XVIIIe siècles. La seconde innovation de Grotius (2005 : 33) est de concevoir ce droit comme indépendant de l'expérience : « À l'image des mathématiciens qui examinent leurs figures comme étant abstraites des corps, j'ai examiné le droit en soustrayant de mon esprit tout fait particulier ».

Les philosophes anglais du XVIIe siècle Locke (2002) et Hobbes (2000) avancent l'idée d'un état de nature originel d'où émane le droit naturel qui sera le fondement du contrat social. La doctrine de Locke selon laquelle les hommes sont dotés par nature de certains droits inaliénables qu'aucun Gouvernement ne saurait violer, est incorporée aux États-Unis d'Amérique, à la Déclaration d'indépendance du 4 juillet 1776, puis en France, à la *Déclaration des droits de l'homme et du citoyen* du 26 août 1789 dont l'article 2 stipule que « le but de toute association politique est la conservation des droits naturels et imprescriptibles de l'Homme. Ces droits sont la liberté, la propriété, la sûreté et la résistance à l'oppression ». Dans sa version canonique, chez Locke comme chez Hobbes, la théorie des droits « procède par rationalisation mythique de l'origine. Elle projette dans le passé abstrait de l'état de nature, passé hors histoire, la recherche d'une norme primordiale en elle-même intemporelle quant à la composition du corps politique » (Marcel, 2002 : 288). On peut qualifier cette démarche cognitive-descriptive. Les droits de l'homme, dans cette optique, sont ce que tous les hommes sont censés posséder au seul motif qu'ils sont des hommes. L'individu tient ses droits imprescriptibles de l'état de nature, comme autant d'attributs constitutifs de son être biologique, social et psychologique. C'est la légitimation classique par l'ontologie humaine. Cette légitimation apparaît clairement dans les grands textes fondateurs. La *Déclaration d'indépendance américaine* dit que tous les hommes ont été créés égaux, qu'ils sont pourvus par leur Créateur (Dieu) d'un certain nombre de droits inaliénables. La *Déclaration universelle des droits de l'homme* de 1948, dont la très grande majorité des États du monde sont adhérents aujourd'hui, proclame dès son article premier : « Tous les êtres humains naissent libres et égaux en dignité et en droits. Ils sont doués de raison et de conscience ». C'est parce qu'ils sont naturels et innés que les droits sont inaliénables, imprescriptibles et par là même, universels et nécessaires.

De nombreux défenseurs de la doctrine des droits de l'homme s'en tiennent aujourd'hui encore à ce raisonnement. Fukuyama (2001 : 19) par exemple, affirme que « toute discussion sérieuse sur les droits de l'homme doit se fonder en dernière instance sur une vision des finalités ou des objectifs de l'existence humaine qui, à son tour, doit presque toujours se fonder sur une conception de la nature humaine ». Selon lui, seule « l'existence d'une unique nature humaine partagée par tous les habitants du monde peut fournir, au moins en théorie, un terrain commun pour fonder des droits de l'homme universels » (*ibid.* : 24). Cette nature humaine est avant tout bio-culturelle, car la conception de l'homme comme un être vivant différent découle, entre autres, de sa constitution biologique.

Pour les *jusnaturalistes* donc, les droits de l'homme sont fondés sur la nature humaine, bio-culturelle, universelle, immuable en tout homme et qui constitue la commune humanité. Ce fondement justifierait la préexistence des droits de l'homme à la constitution de la société et de l'État, même si ce dernier est chargé de matérialiser ces droits dans les lois. Certes, cette théorie a subi beaucoup de critiques, dont celle de l'identité et de l'existence de la nature humaine. Rousseau (1996 : 151) évoquait déjà à cet effet, cet état de nature « qui n'a peut-être point existé », mais « dont il est pourtant nécessaire d'avoir des notions justes ». L'état de nature serait une fiction nécessaire. Mais ces critiques, bien que largement fondées, n'ont pas permis de trouver d'autres référents sur lesquels fonder les droits de l'homme en dehors de cette essence bio-culturelle. Le monde actuel continue d'asseoir largement les théories des droits de l'homme sur une constitution biologique et surtout un esprit humain différents des autres vivants ; ces différences qui font la singularité de l'homme parmi les vivants lui confèrent des droits spécifiques.

C'est en cela que les manipulations biotechnologiques sur l'être humain posent un problème aux fondements et à l'universalité des droits humains. En effet, les manipulations biotechnologiques, en agissant sur l'humain dans son identité biologique, font advenir un post-humain, c'est-à-dire un homme qui découlerait des prouesses des technologies. Celui-ci recevrait ainsi son identité de la technicité humaine. Il ne transcenderait donc pas la volonté de l'homme et n'obtiendrait sa nature que des mains de celui-ci. Au-delà des problèmes éthiques que ces manipulations posent et dont il a été question plus haut, il serait impossible dans ce cas de fonder l'universalité et la nécessité des droits de l'homme qui découlent certes des réflexions hypothético-déductives des philosophes contractualistes, mais dont le fondement ne peut faire l'économie de la constitution biologique. En effet, le fondement de ceux-ci sur la fiction d'une nature humaine transcendante et indépendante de l'homme dont l'un des arguments est la constitution biologique, contribue à justifier leur nécessité et leur universalité. Mais le post-humain biotechnologique est uniquement le fruit de la volonté humaine, sa nature ne transcende pas cette volonté.

Conséquemment, aucun droit universel et nécessaire ne pourrait découler de cette situation aléatoire. Les manipulations biotechnologiques, en agissant sur la constitution biologique de l'homme, contribuent à ébranler l'un des fondements théoriques des droits de l'homme et par-là, leur nécessité et leur universalité. Face aux prouesses des biotechnologies, suscitant un questionnement de ce qui fait l'un des fondements des droits de l'homme, on ne saurait ne pas se demander comment les modifications biologiques sur l'homme peuvent contribuer à mieux asseoir les droits de l'homme et non à les ébranler.

2.2. Biotechnologies et identité ontologique de l'humain : quels repères pour les droits de l'homme ?

Il est admis sans conteste que tous les hommes appartiennent au genre humain et ce genre n'est pas une fiction puisqu'il se caractérise sur le plan scientifique par l'information génétique dont tous les hommes sont porteurs et qui les distingue des autres êtres vivants. L'essence et l'ontologie de l'homme sont biologiquement inscrites dans ses gènes qu'il transmet de génération en génération. Les 23 paires de chromosomes dont tout humain est porteur sont une référence solide de l'humanité en l'homme et constituent sur le plan biologique, la commune humanité des hommes. Mais qu'en est-il de cette essence humaine et de la destinée de l'homme alors que les critères génétiques traditionnels sont mis à l'épreuve par les nouvelles pratiques biotechnologiques ? Plus spécifiquement, « peut-on transformer cet humain tout en sauvegardant la dignité humaine ? […]. Y a-t-il un seuil à ne pas dépasser ? » (Beland, 2006 : 2-8). En effet, suite aux avancées et manipulations biotechnologiques permettant de possibles améliorations des qualités physiques de l'homme, il se pose inéluctablement les questions de la liberté et de la dignité de l'homme : comment les fonder et les préserver alors que désormais l'homme semble transformer son essence biologique ? Dépendent-elles dorénavant de lui exclusivement ? L'essence de l'existence humaine va-t-elle se résoudre à ne répondre qu'à un programme biotechnologique ?

Habermas (2002) postule l'élaboration d'une éthique universelle du vivant en général et de l'espèce humaine en particulier, une éthique respectueuse de la nature humaine en tant que productrice de symboles, relationnelle et libre. Pour lui, la manipulation génétique de l'espèce humaine introduit dans celle-ci une intention étrangère instrumentale et donc des visées extérieures à l'individu lui-même. Le manipulé, destinataire des prouesses des biotechnologies, ne peut accéder à cette manipulation étrangère et s'en affranchir. C'est pourquoi, pour Habermas, la manipulation génétique constitue pour l'homme un obstacle à son autonomie.

L'identité et l'épanouissement de l'homme sont considérés par Habermas comme un processus symbolique lié à l'interaction communicationnelle égalitaire. Or les manipulations génétiques ruinent une telle interaction, car les destinataires sont un simple résultat et ne participent pas au processus manipulatoire. C'est la raison pour laquelle Habermas estime que la nature humaine, intégrant un droit à un génome non modifié, doit être protégée par un droit universel. Il met ainsi « en relief l'importance des cadres de réflexion universels [et dit qu']il nous faut un cadre et des principes universels » (Beland, 2006 : 11) ; d'où l'importance et la nécessité de la bioéthique. Celle-ci, partant du principe que les biotechnologies peuvent avoir des conséquences biologiques et ontologiques ambivalentes, devra postuler un cadre institutionnel et légal dans lequel ces biotechnologies s'inscrivent afin qu'elles bénéficient à l'homme dans son corps et dans son être sans lui porter préjudice. Dans ce cadre doit s'inscrire la préservation de l'espèce humaine et de toute espèce vivante. Ceci ne sous-entend pas l'interdiction de toute action scientifique sur le corps humain ou sur tout autre vivant, car cela priverait l'homme des possibilités immenses que lui offrent les biotechnologies de s'affranchir de certains handicaps et de s'améliorer. Mais il s'agit de se poser la question fondamentale des possibilités et des limites de l'action humaine sur le vivant : que peut-on faire pour améliorer l'humain en le préservant dans son être ? Que ne faut-il pas faire si l'on ne veut pas perturber l'essence biologique de l'homme et saper sa dignité en la rendant aléatoire ?

Le corps humain, c'est-à-dire tout l'héritage biologique, devra être considéré comme le substrat de l'être humain et non comme une simple substance matérielle que l'on peut s'approprier et dont on peut modifier la structure de base comme on veut. L'héritage biologique doit être classé dans la catégorie de l'être et non de l'avoir. Du moment où la vie de l'homme, son existence et partant son être ne sont pas possibles sans son corps, alors l'homme est aussi son corps, il n'a pas simplement un corps, celui-ci n'est pas secondaire dans la définition de l'humanité en l'homme. C'est pourquoi le « je pense donc je suis » cartésien, s'il s'entend comme une préexistence de l'esprit et une prééminence de celui-ci sur le corps, appelle l'interrogation suivante : qu'est-ce qu'un homme-esprit sans corps ? L'essence de l'homme en est inhérente ; et modifier ce corps, c'est modifier cette essence. Ainsi, l'usage qui peut être fait du corps doit prendre en compte cette éthique qui place le corps au centre de la réflexion sur les questions de dignité, d'autonomie et de volonté humaines. Ces questions se rapportent à l'usage de la liberté, non d'abord en rapport avec l'autre, mais en rapport prioritairement avec soi-même.

On comprend à travers ce qui précède que les biotechnologies nous donnent assez de possibilités pour opérer sur le vivant, notamment sur l'homme. Mais tout ce qui est possible n'est pas souhaitable quand c'est surtout en rapport avec la dignité et les droits de l'homme ; d'où une place prépondérante à accorder à la bioéthique, non en tant qu'ensemble de principes d'interdiction, mais en tant que démarche procédurale rationnelle qui en appelle à la responsabilité du biotechnicien et du décideur social et politique.

Les questions sur le statut de l'embryon humain, du clonage, etc., nécessitent une éthique de la responsabilité de l'acteur, car si ces techniques permettent d'améliorer l'homme, il va de soi qu'il serait rationnellement inacceptable de s'y opposer. Mais les détournements pour d'autres fins sont à craindre si on doit compter sur la bonne volonté des hommes. La bioéthique, en tant que processus rationnel d'évaluation collective des avantages et des risques biologiques et ontologiques, devrait permettre de faire le discernement entre les nécessités médicales et les exigences des droits inaliénables des humains. Cette nécessité de la bioéthique en vue de fonder les droits humains face aux possibilités ouvertes par les biotechnologies est en même temps une exigence de réflexion pluridisciplinaire. La question n'est plus tout simplement de savoir ce que le biotechnicien peut faire, mais c'est de s'interroger sur pourquoi il doit faire ou ne pas faire ce qu'il peut faire. Nous sommes donc dans ce « pourquoi » philosophique qui mobilise toutes les dimensions de l'homme (rationnelle, métaphysique, biologique, etc.). C'est pourquoi, de nos jours, les questions de santé faisant intervenir les biotechnologies sont en même temps des questions anthropologiques, juridiques, sociologiques, philosophiques, métaphysiques, etc. En effet, pour préserver l'homme dans ses dimensions physique, psychologique et socioculturelle, il importe de mobiliser la réflexion dans toutes ces dimensions de l'humain pour répondre à la question fondamentale de ce qu'il faut faire (au-delà de ce qui est faisable grâce aux biotechnologies). C'est en s'inscrivant dans une telle perspective de préservation de l'homme que les biotechnologies, en améliorant l'homme, peuvent contribuer à fonder plus solidement les droits de l'homme.

Conclusion

L'un des avantages de la raison est de permettre à l'homme de se perfectionner perpétuellement, d'inventer des moyens et des outils pour s'améliorer et améliorer son existence. Le progrès constant fait donc partie intégrante de la vie de l'homme. C'est pourquoi les avancées dans les domaines des biotechnologies ces dernières années rentrent dans le processus normal de la perfectibilité humaine. Les biotechnologies tendent progressivement à rompre la chaîne de la nécessité naturelle qui condamne certaines personnes à un héritage biologiquement et socialement lourd à porter : maladies héréditaires et souvent incurables, impossibilité d'avoir un enfant, etc. Ces dernières années, certains progrès très significatifs, notamment le décryptage du génome humain par exemple, ont déjà des résultats concrets d'amélioration de la qualité de vie et sont porteurs d'espoirs pour l'homme. Certaines maladies dans lesquelles l'hérédité joue un rôle déterminant comme quelques formes de cancer, de diabète, etc., certaines nécessités médicales comme les transplantations d'organes et certains problèmes bio-médico-sociaux comme l'obésité pourront trouver des solutions grâce au décryptage des génomes humain et animal permettant de modifier des informations génétiques pour, soit extirper de l'ADN les gènes porteurs de problèmes, soit pour les modifier et les adapter aux nécessités vitales des hommes. On peut ainsi aujourd'hui modifier la structure biologique de l'homme pour augmenter ses performances, corriger ses défauts naturels, mais aussi y introduire ses désirs et ses fantasmes. Toutefois, ces possibilités que nous offrent les biotechnologies ne vont pas sans poser des problèmes d'ordre biologique, éthique et ontologique.

Les problèmes biologiques ont rapport aux conséquences imprévisibles de la réaction naturelle à des modifications humaines du biologique. Les seconds problèmes, liés aux premiers, soulèvent la question du rapport de telles modifications avec les valeurs éthiques que charrie chaque société. Quant au troisième type de problème, il est lié à la question de l'essence même de l'être : en modifiant chez le vivant ce qui est porteur de son essence, ne modifions-nous pas l'essence elle-même, faisant advenir ainsi un post-animal ou un post-humain qui n'est plus un animal ou un humain ? C'est ici qu'on perçoit comment les biotechnologies, grâce aux possibilités qu'elles offrent, ébranlent notre fondement traditionnel des droits de l'homme et de la dignité humaine.

En effet, toutes les théories des droits de l'homme et de la dignité humaine ont pour socle l'universalité et la nécessité des droits humains, l'hypothèse de la nature humaine, quelle que soit la manière dont cette nature est conçue. Or les manipulations biotechnologiques laissent percevoir que cette nature longtemps fondée sur le biologique dépend de moins en moins d'une nécessité naturelle sur laquelle l'homme n'aurait aucune maîtrise. Elle relève de plus en plus de la fabrication humaine. La dignité humaine passe progressivement de la nécessité naturelle à la relativité humaine. L'homme fait désormais l'homme, ce qui semble assez normal pour le moderne, mais il suffit de voir dans un passé proche pour comprendre la responsabilité assez grande de l'homme devant les conséquences de l'avancée des biotechnologies, alors qu'il était livré à la nécessité biologique sur laquelle il n'avait aucun pouvoir. Il y a donc le risque que l'homme soit désormais considéré comme tout autre objet manipulable sans une dignité transcendante.

Les récents débats sur les questions essentielles comme le statut du fœtus et son éventuelle utilisation pour la recherche en génétique, l'euthanasie, etc., la variabilité des législations (l'utilisation du fœtus pour la recherche est interdite aux États-Unis d'Amérique et limitée en Europe, l'euthanasie est autorisée sous certaines conditions en Belgique et strictement interdite en France), la volonté de certains scientifiques d'aller contre la législation montrent assez bien qu'une législation commune pour contrer ce risque est un horizon difficile à atteindre. En plus, la législation, même si elle existait, ne mettrait pas fin pour autant à ce risque qui ne devrait pas être pris de manière inconsidérée, car la réversibilité est impossible dans les manipulations biotechnologiques. Pour pallier un tel risque, il urge qu'advienne une nouvelle bioéthique dont la méthodologie et le processus consisteraient à soumettre au débat public et permanent les prouesses des biotechnologies en ce qui concerne ce qu'il est bien de faire et ce qu'il faut éviter.

C'est l'opportunité d'agir qui doit guider les possibilités de l'action, car si les biotechnologies ont connu d'énormes avancées, celles-ci peuvent contribuer au bien ou au mal de l'homme selon l'usage qu'on en fait. Si les biotechnologies contribuent à saper l'humanité même en l'homme, elles deviennent un désastre pour l'homme qu'elles sont censées servir. Il importe donc que soient mobilisés tous les pans du savoir humain pour réfléchir aux modèles de société que l'on voudrait, aux valeurs y afférentes pour que les biotechnologies soient au service d'une telle société. C'est ainsi que certaines dérives éthiques et attaques contre l'ontologie humaine pourront être évitées par le développement des biotechnologies. Il faut donc une sorte de politique des biotechnologies. La politique étant entendue ici au sens aristotélicien du terme comme organisation sociale et gestion de la société, on peut considérer que les recherches biotechnologiques participent de cette organisation et de cette gestion puisque leurs résultats peuvent modifier les rapports humains. Cette politique des biotechnologies postule donc ce qui est faisable et ce qui ne l'est pas, c'est-à-dire les règles bioéthiques de recherche et d'action sur l'homme.

Références bibliographiques

Beland, Jean-Pierre (2006), *L'homme biotech : humain ou posthumain ?*, Laval, Presse de l'université de Laval.

Cicéron (1994), *De Republica*, Paris, Gallimard.

Douzou, Pierre, Durand, Gilbert & Siclet, Gérard (1983), *Les Biotechnologies*, Paris, PUF.

Fukuyama, Francis (2002), *La Fin de l'homme. Les conséquences de la révolution biotechnique,* Paris, La Table ronde.

Fukuyama, Francis (2001), « Natural Rights and Natural History », *in The National Interest*, été, pp. 3-19.

Gauchet, Marcel (2002), « Les tâches de la philosophie politique », *in* Revue *Mauss*, premier semestre, pp. 261-288.

Grotius, Hugo [1625] (2005), *Le Droit de la guerre et de la paix*, Paris, PUF.

Habermas, Jürgen (2002), *L'Avenir de la nature humaine. Vers un eugénisme libéral ?* Paris, Gallimard.

Hobbes, Thomas [1651] (2000), *Le Léviathan*, Paris, Folio.

Institut de Santé publique de Québec (2001), *Aliments génétiquement modifiés et santé publique*, Ottawa.

Labrusse-Riou, Catherine (1989), « L'homme à vif : biotechnologies et droits de l'homme », *in Esprit*, N° 156 (11), novembre, pp. 60-70.

Locke, John [1690] (2002), *Traité de Gouvernement civil*, Paris, Bréal.

Makanga, Blanchard (2005), « Biotechnologies et inventivité humaine : nécessité rationnelle et exigence éthique », *in Implications philosophiques*, http://www.implicationsphilosophiques.org/actualite/une/biotechnologies-et-inventivite-humaine-necessite-rationnelle-et-exigence-ethique/, mis en ligne le 12 janvier 2005, consulté le 23 mai 2018.

Puech, Michel (2008), *Homo sapiens technologicus. Philosophie de la technologie contemporaine, philosophie de la sagesse contemporaine*, Paris, Le Pommier, Mélétè.

OCDE (2005), http://www.oecd.org/fr/sti/biotech/definitionstatistiquedelabiotechnologiemiseajouren2005.htm, mis à jour en 2005, consulté le 23 mai 2018.

Organisation des Nations-Unies (ONU) (1992), *Convention sur la diversité biologique.*

Ewen, Stanley William Barclay & Pusztai, Arpad (1999), « Effects of diets containing genetically modified potatoes expressing Galanthus nivalis lectin on rat small intestine », *in Lancet,* N° 354, pp. 1340-1354.

Rousseau, Jean-Jacques [1754] (1996), *Discours sur l'origine et les fondements de l'inégalité parmi les hommes*, Paris, Maxi-Poche.

VII

L'humain face au défi cybernétique

Wiliam DEUGA TCHEUGOUE

Université de Maroua, Cameroun

Résumé : La société contemporaine est marquée par une industrialisation avancée, elle-même favorisée par les progrès prodigieux engrangés par la cybernétique. Cette dernière se démarque de plus en plus par une rationalisation technologique qui s'impose dans tous les domaines de la vie humaine. À première vue, une telle situation paraît porteuse d'espoir et de conditions maximales pour une amélioration substantiellement qualitative de notre existence, la satisfaction des besoins végétatifs et sensitifs les plus pressants, dont celui de s'installer définitivement dans un monde paradisiaque. Paradoxalement, l'on assiste au développement exponentiel de certaines contradictions de la cybernétique qui constituent plutôt des entraves au plein épanouissement de l'homme. Dès lors, il y a lieu de se demander si la révolution cybernétique qui est au fondement de la marche de la société contemporaine se soucie de la construction d'un éthos humain.

Mots-clés : bioéthique, cybernétique, dilution de l'humain, éthos humain, technoscience.

Introduction

Étymologiquement, le mot *cybernétique* vient du grec *kybernetikè* et désigne la science du gouvernail. Platon s'appuyait déjà sur ce concept pour désigner l'art de gouverner la cité par la sagesse et la connaissance du bien. Par la suite, elle sera définie comme « le champ entier de la théorie de la commande et de la communication, tant dans la machine que dans l'animal » (Wiener, 1948 : 4). C'est dire que la cybernétique ambitionne de réaliser un monde communicationnel sans frontières dont le contrôle est assuré par la gestion rationnelle des systèmes informatisés, peuplé d'êtres hybrides, annonçant l'effacement des frontières entre l'homme, le biologique et la machine. Ainsi, le type de société qui émerge aujourd'hui semble découler directement des applications de la cybernétique : processus de robotisation de la production, réseaux financiers mondialisés, nouvelles méthodes de management et d'organisation de l'entreprise, réseaux de communication et informatiques, nouveaux systèmes d'armes intelligentes, etc.

La cybernétique prône des idées qui peuvent paraître utopiques et poursuit de concrètes recherches destinées à provoquer une transmutation prochaine de l'humain : homme augmenté dans ses capacités physiques et mentales, jeunesse et durée de vie prolongées, symbiose avec la machine et intelligence artificielle, quasi-immortalité, etc. Il s'agit désormais d'une société contemporaine cybernétisée qui, malheureusement, amène l'homme à se tourner vers la course effrénée de l'avoir au détriment de l'être ; d'où la nécessité de s'interroger sur la véritable place de l'éthos dans la société contemporaine en proie à une manipulation cybernétique exacerbée. En effet, le but ici étant d'amener l'humain à un considérable bond évolutif, ne court-on pas le risque de nous retrouver dans une société qui fait plutôt table rase de ce dernier ? Pour mieux cerner cette problématique, nous nous pencherons sur le rapport entre la pensée cybernétique et l'humain, puis nous nous demanderons si un tel rapport ne peut pas déboucher sur la dilution de l'humain. Si tel est le cas, il semble urgent de repenser un nouvel éthos pour l'humain.

1. La pensée cybernétique et l'humain

1.1. La connaissance cybernétique

La pensée cybernétique organise d'une façon particulière, dans la construction de chaque modèle, les éléments de connaissance qu'elle met en œuvre. La codification de ces raisonnements et de leurs résultats constitue, à partir des informations données par les sens, un édifice de connaissances que l'on appelle « connaissance cybernétique ». Cette dernière prend en compte trois éléments. D'abord, au titre de matière d'œuvre de l'imagination inventive, les modèles du milieu extérieur à la mentalité dont l'expérience peut vérifier l'objectivité et les modèles de divers degrés d'abstraction sont reliés par des relations causales. Ensuite, pour le contrôle de l'efficacité des raisonnements, les lois de la nature sont expérimentalement vérifiées quel que soit leur degré d'abstraction. Enfin, au titre d'information individuelle, les *patterns* (modèles) n'ont pas la forme de modèles dialectiques : « Un modèle cybernétique de connaissances doit présenter chaque modèle accompagné de son domaine d'efficacité. » (Couffignal, 1968 : 77)

Par ailleurs, un trait caractéristique de la pensée cybernétique est de prendre les éléments avec lesquels elle construit un modèle partout où ils peuvent se trouver. Elle est indifférente aux catégories établies. Elle est particulièrement apte, par suite, à découvrir entre les phénomènes des relations nouvelles qui constituent de nouvelles connaissances ; et si elles sont efficaces au sein d'une recherche finalisée, elles peuvent nous conduire à la découverte de nouveaux éléments de connaissance permettant de fabriquer les machines.

1.2. La machine et le dépassement de l'humain

La machine peut s'entendre comme « un mécanisme physique artificiel finalisé dont le but est de remplacer l'homme dans l'exécution d'une action. » (*Ibid.*, 79) En effet, dès l'origine, la machine désigne soit le résultat qu'elle doit obtenir ou l'opération qu'elle doit effectuer à la place de l'homme, soit le matériau qu'elle doit œuvrer. Pour le premier cas, il s'agit de « perceuse, machine à coudre, moteur », et pour le second cas, de « machine à bois ». Les deux caractérisations se cumulent dans les expressions « tour à bois » ou « scie à métaux ». L'attribut « physique » écarte de la classe des machines les mécanismes dialectiques qui ne rejoignent pas le réel. Cette limitation de la définition est conforme à la condition que le modèle dialectique, résultat d'une théorie, admette une réification vérifiée par l'expérience ; par exemple, dans la représentation matricielle des circuits électriques, qu'un circuit défini par une matrice comme résultat d'un calcul soit matériellement réalisable, il est nécessaire que les théories qui constituent les lois mises sur pied par l'inventeur d'une machine ne soient pas transgressées. Couffignal continue son propos en affirmant : « L'étude des machines apparaît ainsi comme l'étude de l'activité inventive de l'homme dans son besoin ou son désir d'action sur son environnement. » (*Ibid.*, 80)

Une telle activité est bornée non seulement par les lois naturelles, que formulent la science et la technologie, mais encore par celles qu'imposent à l'humain la vie en société, l'économie et les influences sociales, que Gaston Berger réunit sous le terme de « civilisation ». Cette civilisation débouche sur la fabrication des machines, lesquelles peuvent être soit des machines dites « énergétiques », soit des machines dites « informationnelles ». Quel que soit le type de machine, on aboutit le plus souvent à un dépassement de l'humain par la machine. Les conséquences en sont l'avènement de l'automation, des machines à penser, de l'eugénisme scientifique, de la propagation possible d'organismes modifiés par génie génétique, etc.

En définissant l'humain uniquement d'après le degré de complexité de son intelligence, on en vient à laisser entendre que la reproduction artificielle d'un organisme humain aurait une valeur ontologique identique à celle de l'être vivant. Cette dévalorisation de l'humain, par comparaison à l'humanisme moderne, s'accompagne d'une perte d'autonomie individuelle à laquelle une interdépendance organisationnelle vient se substituer. Défini comme un être communicationnel, l'humain est ainsi conçu comme totalement engagé dans un échange constant avec son environnement. Suivant cette logique, l'humain n'existe plus que sous la forme d'une différence informationnelle au sein du processus totalisant de la communication sociale. Réduit à une somme d'influences complexes, l'humain devient un simple réacteur du système social à côté d'autres actants comme les ordinateurs.

L'idée d'être communicationnel, comme l'a conceptualisée Wierner, « décorporalise et désindividualise » l'humain pour en faire un support d'information. La rationalité n'est ainsi plus conçue comme une faculté spécifiquement humaine, les « machines intelligentes » pouvant virtuellement dépasser l'homme dans le traitement de certaines données complexes. À ce titre, la métaphore du cerveau comme « ordinateur » héritée de la cybernétique atteste clairement du transfert de la rationalité à l'extérieur du corps humain. Loin d'apparaître comme la source et l'aboutissement de la raison, l'humain est alors perçu comme le dépositaire d'une intelligence complexe ne lui appartenant plus. Si des philosophes tels que Nietzsche, Freud, Heidegger avaient déjà ouvertement contesté le primat de la raison chez l'homme, c'était dans l'optique d'une mise en garde contre la tendance moderne à étendre la logique instrumentale et, par le fait même, à nier l'opacité inhérente à toute expérience humaine. Avec la cybernétique au contraire, l'idéal de rationalité demeure, sa transposition à la machine constituant simplement la garantie d'une plus grande fiabilité, voire d'une complète transparence. En bref, on attribue ainsi à l'ordinateur des qualités que l'on dénie désormais à l'humain.

Ainsi, la force d'inclusion propre à la logique communicationnelle suppose l'atrophie de l'humain tel que la modernité, par le biais de l'humanisme, l'avait pensé. Porte-étendard et agent effectif de la raison, l'humain perd sa consistance pour devenir un être à l'identité plurielle et fragmentaire sommé de s'adapter aux fluctuations constantes d'une société désormais régie par la rationalité informatique. Dans le sillage direct du paradigme cybernétique, l'humain post-moderne se présente comme un être à l'identité vacillante, façonné par les flux communicationnels qui le traversent. À ce titre, l'humain devient faible, car il dégénère en un nomade identitaire, c'est-à-dire en un individu ne possédant plus une identité ontologique permanente et stable, mais plutôt plusieurs identités changeantes et multiples reliées à ses diverses appartenances communautaires. On tend alors vers la suppression des frontières séparant le vivant du non-vivant avec pour conséquence l'avènement d'une nouvelle domestication de l'humain. Partant de ce constat, Fukuyama (1993) ne cesse de prescrire l'interdiction de l'eugénisme du « bébé sur mesure ».

Ainsi, on peut relever le cas de Kevin Warwick qui fut le premier homme à s'être implanté une puce dans le corps avant de la retirer par la suite. Quand elle y était, l'élément saillant de son expérience était l'accès à l'information en continu : le contact permanent avec son environnement. Il a réalisé de manière concrète ce que nous faisons tous de manière métaphorique quand nous nous connectons à l'Internet. Son expérience a pris cette métaphore à la lettre.

L'une de ses expériences les plus marquantes a consisté à manipuler une main robotique par la pensée ; d'abord, une main robotique qui était à côté de lui, puis une main robotique qui se trouvait de l'autre côté de l'océan atlantique. L'impulsion nerveuse qui la commandait était transmise par Internet. Or, l'humain standard n'est pas équipé pour manipuler ses membres à distance, ni pour en manipuler des milliers. De même, Claudia Mitchell, une ex-marine américaine, a retrouvé l'usage de son bras amputé grâce à une prothèse commandée par la pensée. Par ailleurs, des savants travaillent à l'amélioration de la vue des pilotes de chasse, à travers des implants de rétine pour que leurs vues parviennent à 120% de leurs possibilités. Le risque principal de tout ceci n'est-il pas la disparition de l'humain ?

2. Le risque de la dilution de l'humain dans l'univers technologique

2.1. L'humain et sa dégénérescence en programmes

Il s'agit désormais de s'interroger sur le statut de l'humain contemporain. Dès lors, la question qui vient sans cesse à l'esprit demeure celle de savoir si le progrès de la cybernétique a nécessairement conduit au progrès de l'humanité. Le constat est que le contexte cybernétique de nos jours se vit comme un moment où le savant n'a pas forcément besoin de créer pour satisfaire uniquement les besoins de l'humain. En effet, le savant contemporain semble agir comme s'il fallait se limiter à la joie de créer, au goût de la compétition exacerbée. Désormais, nous sommes plongés dans un univers de concurrence au sein duquel la volonté de puissance et de nuisance est le leitmotiv fondamental des activités scientifiques. On pourrait croire, sans risque de se tromper, que l'activité cybernétique s'est définitivement tournée vers une idéologie capitaliste suspecte de n'avoir pour objectif que l'aliénation de l'homme à la seule production de la plus-value, comme ne cessait de le souligner Karl Marx à son époque.

Ainsi, aux yeux des cybernéticiens, l'humain est plutôt un programme, une structure sociale, un code génétique. La vision cybernétique repose sur les liens, les relations et les comportements entre les choses, indépendamment de leur nature. Proposant une nouvelle conception de l'humain et de la société, la pensée cybernétique s'appuie sur trois concepts fondamentaux : l'entropie, l'information et la rétroaction. L'entropie est la tendance naturelle au chaos, au désordre. Le fait d'échanger de l'information par la communication crée l'organisation ; et la rétroaction consiste à orienter l'action à partir de l'information reçue. La conséquence en est l'idée de l'avènement de la « médecine prédictive » qui se donne pour tâche le téléchargement du cerveau humain dans un ordinateur, car le concept d'information de la cybernétique permet de nos jours de concevoir des ordinateurs à base d'ADN, à travers une fusion concrète de l'atome et d'une particule biologique d'avant la cellule. Déjà, nos lunettes, nos téléphones androïds font de nous des humains handicapés, diminués, susceptibles d'être augmentés. À ce sujet, Gaudet (2003 : 5) déclare sans ambages : « Il viendra peut-être le jour où, après avoir inséré votre carte génétique dans le guichet automatique, vous entendrez une voix dire : si vous voulez connaître votre risque cardiovasculaire, faites le 1 ; pour savoir si vous êtes sujet à l'hypercholestérolémie familiale, faites le 2 ; pour le diabète, faites le 3 ». À sa suite, Babin (2004 : 189) écrit :

> Vous avez entre les mains un outil indispensable au fonctionnement de la prodigieuse machine à remonter le temps : vous-mêmes. Le pouce qui serre ce livre, l'œil qui lit cette phrase, seront demain bioniques à un taux qu'il ne tiendra qu'à vous de décider. L'immortalité vous est promise pour peu que, désireux d'augmenter la longévité banale de 175 ans qui vous attend, vous décidez de downloader votre cerveau sur ordinateur et de cryogéniser tout ou une partie de votre corps.

À partir de là, on peut constater que de nos jours, la cybernétique est de plus en plus instrumentalisée par un capitalisme impérialiste où la seule vertu cardinale n'est rien d'autre que la recherche du gain à tout prix, avec pour corolaire la production de l'homme-machine, du cyborg, dépourvu de toute intériorité, entièrement façonné et structuré par l'environnement. C'est dire que la société contemporaine cybernétique crée constamment de nouveaux besoins qui au départ sont anodins, mais au fur et à mesure, prennent des proportions incommensurables par la force de la publicité. Nous vivons une sorte de *nécessitarisation* du superflu. On parle du temps de la mode ou de la fluctuation constante du style d'être. Ici, l'humain semble ne plus avoir de repères précis. Il est déterminé par des besoins qui changent sans cesse. La cybernétique est devenue à la fois une institution et une religion qui imposent des façons d'être qui changent selon qu'elle invente de nouveaux gadgets. C'est l'imposition de la logique consommatrice où la valeur de l'humain se justifie désormais dans le pouvoir d'achat. La culture de la patience de l'être se désagrège au profit de la montée de l'impatience de l'avoir. Une telle impatience de l'avoir se traduit par une logique calculatrice qui fait de l'humain quelque chose de superficiel.

L'humain devenu superficiel dégénère, car la logique consommatrice lui impose de tout vendre et de tout acheter, puisqu'il est prêt à « vendre quelques centimètres cubes de son sang pour acquérir le droit d'assister à un strip-tease » (Jacquard, 1984 : 25), c'est-à-dire à l'exposition publique des corps humains au nom de la prostitution. L'humain d'aujourd'hui est semblable à un simple matériau pour la recherche scientifique, il est réduit à une sorte d'agrégat de fonctions qu'on peut manipuler et recombiner pour en faire ce que l'on veut. « Cette volonté de réduire tout ce qui est vivant à l'état de chose ou de machine, d'objet transformable et reproductible par l'industrie, n'a donc strictement rien à voir avec une meilleure intelligence ou ´´maîtrise du vivant´´ » (Louart, 2009 : 12). Cette vision utilitariste du monde et de l'humain fait disparaître l'idée de l'être exceptionnel. Or, il faut noter que même si la biologie affirme que l'homme possède à 98% les mêmes gènes que le chimpanzé, il semble tout de même incongru de les hisser au même palier.

C'est donc dire que la position technoscientifique sur la nature de l'humain ne concerne qu'une partie de la réalité dans ses aspects les plus simples. En effet, l'humain revêt une dimension ontologique inébranlable auréolée d'une valeur absolue. Il y a donc discontinuité entre l'animalité et l'humanité. Par conséquent, l'humain ne saurait être réduit à un simple dérivé de sa structure matérielle. En réalité, même si pour les savants, les manipulations génétiques et les tentatives de sélection prénatale, à travers la modification de la structure du génome, sont possibles, il reste encore que « disséquer des souris ou des lapins, voire des singes, des chats ou des chiens, ne leur pose aucun problème, mais nul ne songe pour l'instant à les remplacer par de petits enfants » (Ferry, 2002 : 421-422). Si le pas est franchi, l'humain deviendra simplement une valeur marchande.

2.2. L'humain comme valeur marchande

Le fait qu'on puisse représenter certaines fonctions *computatives* de l'humain dans le système cybernétique ne cesse d'engendrer une certaine confusion dans le traitement qu'il faut lui réserver. Dès lors, on assiste à la disparition progressive des préoccupations d'ordre éthique qui définissent l'existence de l'humain par rapport à la raison. La promotion du corps, de la beauté physique renvoie sans cesse à l'essentiel de l'humain. Les entreprises contemporaines ne prennent en compte dans leur quête insatiable de profit que le profil d'un humain de plus en plus fort, intelligent, beau, sain, proche de l'immortalité, etc. La cybernétique contemporaine a donc créé une ère poussée de l'automatisation. Une telle ère débouche de part en part sur l'humain surexploité aussi bien dans ses forces que dans ses faiblesses. Ici, l'humain a perdu l'humain comme en témoigne ce propos d'Antoine Manga Bihina : « L'homme est l'être qui consomme, qu'on fait consommer et qu'on peut consommer » (1990 : 9). À sa suite, Pius Ondoua note : « Il y a ainsi perte de la dimension d'humanisation des forces productives, de même qu'il y a accroissement considérable des techniques de contrôle (des individus et de la société) et de modification des comportements et des personnalités individuels » (2010 : 214). On peut citer entre autres les techniques de surveillance, de contrôle et de direction des individus et des organisations, les techniques d'éducation, de propagande qui affectent le comportement humain public et privé, les moyens et productions pharmaceutiques, électroniques pour la communication avec le cerveau, sa stimulation, le contrôle de la fatigue, des humeurs, des perceptions, de l'imagination, le contrôle de l'influence génétique sur la constitution de base de l'individu, etc.

L'humain étant devenu un vivant ordinaire dont l'essentiel se définit dans la matérialité de son corps et de son avoir, il ne cesse de dégénérer en un être travesti. Il devient un objet de déviation. C'est dire que l'univers contemporain cybernétique s'est vidé de toute éthique, de toute religiosité, de toute transcendance. L'humain relève désormais du technologiquement possible ; puisque tout en lui peut être remodelé et manipulé comme en témoigne si bien la promotion exacerbée de la chirurgie plastique, esthétique et réparatrice. L'humain semble ne plus se différencier d'un ensemble de pièces détachées dont on peut se servir pour dépanner les personnes en manque de rein, de cœur, de poumon, etc.

Par ailleurs, au-delà de cette volonté de la cybernétique de faire de l'humain une valeur marchande, on dénote aussi le développement d'une industrie efficace de sa mise à mort, selon qu'on juge de façon arbitraire qu'il ne doit pas atteindre un certain degré « inhumain » de souffrance. C'est la raison d'être de l'euthanasie qui doit s'appliquer, lorsqu'aucune technique clinique ne peut aider à ramener le patient à la pleine jouissance de ses facultés. La possibilité du clonage humain n'est pas en reste dans cette banalisation de l'humain. La cybernétique ouvre donc la porte à un état de crise de l'humain. Nous sommes devant une humanité en perte de repères, puisqu'elle ne sait plus faire la différence entre une bactérie, un poisson, un arbre et un homme. Dès lors surgit l'interrogation philosophique sur la question de l'automatisation et de la robotisation de l'humain : « Si nous représentons le cerveau comme une machine de traitement de l'information lisant le monde comme une bande, qui donc en aura écrit le programme puisqu'il n'est pas d'ordinateur sans informaticien ? » (Labarrière, 2003 : 441). C'est dire qu'il y a peut-être un ailleurs de la vie qui ne peut se décrypter que par « l'urgence de la philosophie », pour reprendre les mots de Pius Ondoua (2009 : 355).

3. Un nouvel éthos pour l'humanité

Il s'agit ici de poser le principe d'une articulation des progrès de la cybernétique aux exigences de la bioéthique. Il n'y a pas lieu de diaboliser la cybernétique, car c'est à travers le déploiement de la technoscience que peut véritablement s'exprimer le principe même de la liberté et de l'éclosion de l'intelligence. À ce sujet, Gilbert Hottois ne cesse de clamer : « La rencontre éthique-technique est infiniment plus fondamentale : elle met en jeu l'éthique elle-même et semble exiger un choix qui ne serait pas celui de l'une ou l'autre éthique, mais de l'éthique ou de l'autre éthique » (1984 : 170). À sa suite, Georges Bastide en vient à dire : « Par la lumière d'esprit, l'interrogation s'empare de l'homme. Il faut même dire que l'homme n'est homme que dans cette lumineuse, mais inquiétante interrogation, il ne prend stature et allure d'homme que lorsqu'il est tiré de l'inconscience vitale par les rayons du jour noétique qui l'appellent à la conscience de soi » (1971 : 39).

3.1. Quel humain pour quelle cybernétique ?

La bioéthique a le devoir d'interpeller le savant d'aujourd'hui afin qu'il puisse déterminer le type de développement qui convient aux aspirations de l'humain. Dans ce contexte, le développement doit être perçu comme la réalisation de l'humain en tant qu'être en devenir. Dès lors, la notion de devoir doit faire appel à la notion de responsabilité, puisqu'il s'agit pour nous de nous interroger sur la figure à venir de l'humain et de montrer qu'il s'agit d'un être exceptionnel, dont toute instrumentalisation détruirait le sens. Selon nous, il est impérieux de situer le travail de développement dans le *triptyque* humain/raison/progrès et non dans celui de technoscience/marché/plus-value. L'humain doit être au centre des préoccupations de la technoscience. Il s'agit de ne pas transformer l'humain en une sorte de monstre dont on pourra se débarrasser lorsqu'il est hors d'usage. Le savant d'aujourd'hui doit maîtriser la puissance de la cybernétique en introduisant dans le champ du débat scientifique la préoccupation philosophique sur le problème du sens de l'humain. À ce sujet, Michel Serres écrit : « Notre époque fourmille de grands projets. Nous maîtrisons le monde et nous devons apprendre notre maîtrise. Oui, nous sommes acculés à la philosophie. Nos problèmes gisent dans cette puissance. Il va falloir une sagesse immense à la mesure de ce savoir prodigieux » (2001 : 167).

Il est donc question pour nous de ressusciter ici le débat sur la question des valeurs dans un contexte où l'homme perd progressivement ce qu'il y a d'humain en lui. C'est à ce niveau que la bioéthique a toute sa raison d'être comme principe de justification des orientations du développement de l'humain. Il est important de signaler que la cybernétique ne saurait tout dire sur l'humain. Pour cette raison, elle laisse une très large ouverture au débat bioéthique. La bioéthique ne cesse de poser le problème de l'avenir de l'humain bien qu'il soit envahi par les artifices techniques. Tout projet de développement de l'humain doit se faire sur la base du fait que l'homme est un être au monde pour qui, dans son être, il est question de son être, c'est-à-dire de son devenir existentiel. Il est question pour nous de voir en l'humain une sorte de transcendance, car dans notre contexte culturel, le principe de la transcendance doit être ce sans quoi « la dignité de l'homme est un leurre » (Serres, 2001 : 168).

Dès lors, la bioéthique ne doit cesser de nous rappeler que l'homme souffre de la solitude en se laissant environner par des gadgets. En effet, même si la cybernétique nous propose toutes sortes de gadgets pouvant suppléer l'absence d'autrui, il faut relever que « l'homme ne trouve pas le sens de la vie dans la logique des réflexes égocentriques, mais dans le paradoxe d'une vie centrée sur l'altérité » (Serres, 2001 : 169). C'est dire que la tâche du développement étant un exercice ardu, il est impérieux d'associer le savoir, le savoir-faire, le savoir-comprendre au savoir-être. Ainsi, à côté de la démonstration de la puissance dont la cybernétique fait preuve, la bioéthique ne cesse de nous rappeler qu'il y a un meilleur de nous-mêmes qui se trouve toujours au-devant de nous. C'est d'ailleurs pourquoi Luc Ferry affirme : « Le mystère de l'être humain en tant que tel, c'est qu'il est constamment en décalage par rapport à lui-même » (1998 : 58). À partir de ce constat, il y a lieu de nous demander quelle cybernétique sied à la société d'aujourd'hui.

3.2. Quelle cybernétique pour la société contemporaine ?

Il s'agit désormais pour nous de savoir que faire de la puissance cybernétique pour qu'elle puisse se muer en un instrument essentiellement consacré à la gestion avisée de l'environnement et partant, de la survie quotidienne et du futur de l'humanité. À cet effet, la cybernétique doit « fournir l'information nécessaire pour améliorer la formulation et la sélection des politiques d'environnement et de développement. » (Tonnelat, 1980 : 30) En clair, il faut repenser le rapport cybernétique-vie, cybernétique-développement. En permettant de connaître les conditions d'une vie confortable, la cybernétique doit se déployer de sorte que ses incertitudes, ses risques d'échec, ses résultats désastreux ne soient pensés qu'en termes de probabilités négligeables. Il y a nécessité de trouver des solutions adéquates aux questions relatives à la préservation de la diversité culturelle, biologique et environnementale de l'humain.

La cybernétique ayant la capacité de « surveiller les systèmes marins, terrestres, atmosphériques et de prévoir les catastrophes naturelles » (*ibid.* : 30), elle se doit aussi d'évaluer les risques d'une exploitation incontrôlée des ressources naturelles et humaines. Depuis les bombardements de Nagasaki et d'Hiroshima, les savants doivent veiller à ce que les productions cybernétiques et technoscientifiques puissent obéir à une morale sociale qui est censée se placer en amont et en aval de toute recherche. C'est pourquoi Marie Antoinette Tonnelat poursuit : « En amont, car sa présence peut contrarier, favoriser, colorer la pensée scientifique. En aval, dans la mesure où la science suggère elle-même une méthode, une méthodologie qui se réfléchit sur l'éthique, et aussi une vision du monde qui ne peut laisser indifférent le comportement humain » (*ibid.* : 30). C'est donc dire qu'une éthique de la science semble nécessaire et incontournable.

3.3. La nécessité d'un éthos humain

L'impératif « déontique » de la cybernétique défendu par l'idéologie dominante affirme l'anéthicité, postule l'amoralisme : ici, la cybernétique doit se situer au-delà de toute perspective éthique, car se veut neutre. Or, il est nécessaire de passer de « l'anéthicité à l'éthicité » en fonction de laquelle on peut opérer la sélection des possibles technologiques et scientifiques à actualiser et ceux auxquels renoncer (Ondoua, 2010 : 281). Par conséquent, à l'opacité, à l'imprévisibilité et à l'ouverture de la cybernétique, il faut substituer une « anticipation axiologique » qui correspond à sa « réanthropocentration » fondamentale. Cette réanthropocentration est une réinstauration de la « sensibilité éthique » et des valeurs ; l'humanité de l'homme ayant comme critère ontologique essentiel l'*éthicité*, laquelle est aujourd'hui affectée par le règne de la cybernétique (*ibid.* : 282).

Ainsi, selon le vœu de Georges Bastide, « l'expérience noétique et l'expérience éthique » peuvent dans une certaine mesure être liées à l'expérience du savoir, c'est-à-dire à la recherche de la nature du savoir ainsi que de ses conditions transcendantales et pratiques, de ses modalités de fonctionnement. L'expérience éthique permet à l'homme d'explorer ce qu'il peut faire, ce qu'il fait, de manière normative, finalisée. Une telle expérience noétique première du sujet pensant et signifiant, fonde l'expérience éthique qui ouvre à l'authenticité de la vie, à la liberté, au sens, aux fins et en un mot, au bien, « axiologiquement spécifique et premier dans l'ordre des impératifs qui régissent la conscience libre, ouverte » (Bastide, 1971 : 361).

L'*éthicité* doit donc être à la fois limitation et finalisation de l'illimitation et de l'indétermination de la cybernétique. En effet, s'il n'y a pas d'éthique sans humain, si l'éthique révèle l'authenticité même de l'humain, significatif parce que porteur de sens pour sa condition humaine elle-même, si, comme le note Georges Bastide, ce « cogito testimonial/éthique » est de façon apodictique un « cogito plural », alors, il ne saurait y avoir d'hommes et de société sans éthique, l'éthique étant essentiellement valorisation de l'humain. Et Gilbert Hottois de souligner : « L'éthique est ainsi, le constant secours de ce qui (l'humanité) la conditionne par ailleurs. L'éthique soutient l'humanité qui soutient l'éthique. Ce qui signifie qu'être moral et choisir l'homme ne sont pas séparables : choisir d'être moral, c'est choisir de préserver l'humanité et réciproquement » (1984 : 175).

Allant dans le même sens, Paul Ricœur estime que tout projet cybernétique digne de ce nom doit prendre son ancrage au sein de l'éthique. Dans l'un de ses ouvrages publiés avec Jean-Pierre Changeux intitulé *Ce qui nous fait penser. La nature et la règle* (1998), Ricœur soutient que le cerveau ne pense pas, qu'il est juste un instrument nécessaire, mais pas suffisant dans le processus de mise en place de la pensée. Il faut donc prendre en compte le lien étroit entre nature et éthique. Par exemple, le problème de l'identité de la personne humaine est posé avec acuité lors de la transplantation. En effet, lorsqu'un savetier reçoit la transplantation du cerveau d'un prince, devient-il le prince dont il se souvient ou est-il le savetier que les hommes continuent d'observer ? Voilà l'une des questions dont le regard seul du savant ne peut apporter une réponse définitive. Il faut par contre le regard du bioéthicien qui nous invite à prendre en compte aussi bien la dimension psychique que la dimension physiologique de la personne humaine.

Dès lors, il faut mettre à la base de toute réflexion sur la cybernétique, un réseau conceptuel qui prend en compte le *triptyque* « je-tu-il » de l'intention éthique. Selon Ricœur, le pôle « je » prend en compte une liberté en première personne qui se pose lui-même. En effet, ma liberté veut être. Mais, s'il est vrai que la liberté se pose par elle-même, elle ne se voit pas, elle ne se possède pas elle-même. La liberté ne pouvant ni se voir ni se trouver, ne peut que s'attester, c'est-à-dire rendre témoignage d'elle-même par le moyen d'œuvres dans lesquelles elle se rend objective. Il y a donc éthique, car par l'acte grave de position de liberté, je m'arrache au cours des choses, à la nature et à ses lois, à la vie même et à ses besoins. La liberté se posant comme l'autre à la nature, l'éthique est alors cette odyssée de la liberté à travers le monde des œuvres, le voyage de la croyance aveugle (« je peux ») à l'histoire réelle (« je fais »).

Quant au pôle « tu », il s'agit d'admettre qu'on entre véritablement en éthique quand, à l'affirmation par soi de la liberté, il faut adjoindre la volonté que la liberté de l'autre soit. Je veux que ta liberté soit. À l'acte d'arrachement se substitue l'acte de déliement. Ici, il faut rompre les liens qui enserrent l'autre. Entre ces deux actes, il n'y a aucune préséance, mais une absolue réciprocité. Cette requête de l'autre affleure dans le premier commandement du christianisme et du judaïsme : « Tu ne tueras point ». Selon Ricœur (1983 : 39), c'est la seconde personne qui parle ici en disant : « Ne me tue pas ». Déjà, Emmanuel Levinas (1971) considérait chaque visage comme le Sinaï d'où procède la voix qui interdit le meurtre. Mais avant de m'interdire quoi que ce soit, le visage de l'autre me requiert, il me demande de l'aimer comme moi-même. La relation est ainsi parfaitement réversible : je suis visé comme un « me » à l'accusatif par celui à qui je dis « tu » au vocatif et qui dit « je » pour lui-même. On peut donc partir du seul visage d'autrui et tenir le visage pour la première transcendance par rapport à l'ordre des choses. L'autre me requiert et par cette requête, je suis capable de responsabilité ; bref, je suis l'otage de l'autre. En clair, la reconnaissance du visage constitue un véritable départ, un commencement entièrement original dans la voie éthique.

Toute l'éthique naît de ce redoublement : faire advenir la liberté de l'autre et par ricochet, de toute l'humanité comme semblable à la mienne.

Toutefois, la tâche de devenir libre est contrariée originellement par le mal primordial du meurtre de la liberté, d'où la nécessité du pôle « il ». Le pôle « il » concerne la médiation par la règle d'or. Ici, l'intention éthique se précise et prend corps avec le moment de la non-personne, représentée dans notre langage par des termes neutres tels que ceux d'une cause à défendre, d'un idéal à réaliser, d'une œuvre à faire, de valeurs auxquelles nous donnons des noms abstraits : la justice, la fraternité, l'égalité, l'institution, etc. La règle d'or consiste alors à « viser à la vie bonne avec et pour l'autre dans des institutions justes » (Ricœur, 1990 : 199-236). Si une telle intention éthique est respectée, tous les obstacles épistémologiques à l'épanouissement véritable de l'humain pourront être annihilés.

Conclusion

Faut-il dépasser l'humain originel ? À cette question, la cybernétique répond par l'affirmative. Ici, à partir des manipulations *biotechnoscientifiques*, on doit pouvoir produire un homme nouveau, un surhomme. Mais pour nous, avec l'appui de la bioéthique, il est nécessaire de mettre sur pied une articulation étroite entre technoscience et philosophie, qui prend en compte les exigences d'ordre éthique. Ainsi, nous ne cesserons de soutenir avec Fukuyama et Ondoua que pour éviter « le détournement de la science contre l'homme sous la forme d'énergie nucléaire et de la destruction de l'environnement » (Fukuyama, 1993 : 13), il y a « urgence de la philosophie » (Ondoua, 2009 : 355). En effet, nous pensons sans ambages que la philosophie ne cesse de nous rappeler que le principe humain dépasse le seul cadre de la cybernétique. Le progrès de l'humain, au-delà de la réalisation matérielle, doit prendre en compte la dimension spirituelle. Désormais, tout projet sur l'humain doit reposer sur le « principe responsabilité », car la responsabilité à l'âge technologique doit sans cesse être tournée vers l'avenir, doit permettre la conservation de l'humanité (Jonas, 1998 : 15). Il s'agit en définitive d'une responsabilité morale qui nous impose de prendre en compte, au fil de nos agissements quotidiens, le bien-être de l'humain ultérieur, susceptible d'en être, au-delà de son gré, affecté.

Références bibliographiques

Babin, Dominique (2004), *Manuel d'usage et d'entretien du post-humain*, Paris, Vrin.

Bastide, Georges (1953), *Méditations pour une éthique de la personne*, Paris, PUF.

Bastide, Georges (1961), *Traité de l'action morale. Tomes I et II*, Paris, PUF.

Bastide, Georges (1972), *Essai d'éthique fondamentale*, Paris, PUF.

Berger, Gaston (1941), *Recherches sur les conditions de la connaissance*, Paris, PUF.

Berger, Gaston (2010), *Les Conditions de l'intelligibilité et le problème de la contingence*, Paris, L'Harmattan.

Couffignal, Louis (1968), *La Cybernétique*, Paris, PUF.

Ferry, Luc & Comte-Sponville, André (1998), *La Sagesse des Modernes. Dix questions pour notre temps*, Paris, Laffont.

Ferry, Luc (2002), *Qu'est-ce qu'une vie réussie ?,* Paris, Grasset.

Ferry, Luc (2016), *La Révolution transhumaniste. Comment la technomédecine et l'uberisation du monde vont bouleverser nos vies,* Paris, Plon.

Fukuyama, Francis (1993), *La Fin de l'histoire et le dernier homme*, trad. Denis Armand, Paris, Flammarion.

Haraway, Donna (2007), *Manifeste cyborg et autres essais*, Paris, Éditions Exils.

Hottois, Gilbert (1985), *La Science entre valeurs modernes et postmodernes*, Paris, Librairie philosophique Jean Vrin.

Hottois, Gilbert (2005), *Entre symboles et technosciences. Un itinéraire philosophique*, Paris, Librairie philosophique Jean Vrin.

Hottois, Gilbert (2014), *Le Transhumanisme est-il un humanisme ?*, Bruxelles, L'Académie en poche.

Hottois, Gilbert, Missa, Jean-Noël & Perbal, Laurence (2015), *L'Humain et ses préfixes. Une encyclopédie du transhumanisme et du posthumanisme,* Paris, Vrin.

Jonas, Hans (1998), *Le Principe responsabilité. Une éthique pour la civilisation technologique*, trad. Jean Greisch, Paris, Flammarion.

Jonas, Hans (1998), *Pour une éthique du futur*, trad. Sabine Cornille, Philippe Ivernel, Paris, Payot.

Labarrière, Jean-Pierre (1983), *Le Discours de l'altérité : une logique de l'expérience*, Paris, PUF.

Labarrière, Jean-Pierre (2004), *Au fondement de l'éthique : autostance et relation*, Paris, Krimé.

Lafontaine, Céline (2004), *L'Empire cybernétique*, Paris, Seuil.

Lafontaine, Céline (2008), *La Société postmortelle*, Paris, Seuil.

Lafontaine, Céline (2010), *Nanotechnologies et sociétés*, Montréal, Éditions du Boréal.

Lecourt, Dominique (2003), *Humain, Posthumain. La technique et la vie*, Paris, PUF.

Levinas, Emmanuel (1971), *Totalité et infini*, Martinus Nijhoff.

Louart, Bertrand, « L'imposture de la technoscience », *in* http://www.piecesetmaindœuvre.com/spip.php, consulté le 28/10/2019.

Manga Bihina, Antoine (1990), « Délimiter l'humain à l'ère des techno-sciences : un défi à la philosophie », *in Annales de la FALSH*, Université de Yaoundé, pp. 44-51.

Mouchili Njimom, Issoufou Soulé (2016), *Qu'est-ce que l'humanisme aujourd'hui ? Vers une tentative « bio-centrique » ?* Paris, L'Harmattan.

Ondoua, Pius (2009), *Existence et valeurs I. L'urgence de la philosophie*, Paris, L'Harmattan.

Ondoua, Pius (2010), *Développement technoscientifique. Défis actuels et perspectives*, Paris, L'Harmattan.

Ricœur, Paul (1983), « Les fondements de l'éthique », *in Cahiers du Centre protestant de l'Ouest*, N°s 49-50, pp. 31-43.

Ricœur, Paul (1990), *Soi-même comme un autre*, Paris, Seuil.

Ricœur, Paul & Changeux, Jean-Pierre (1998), *Ce qui nous fait penser. La nature et la règle*, Paris, Seuil.

Sauvé, Mathieu-Robert (2003), « Pour connaître vos risques génétiques, faites le 1. Le généticien Daniel Gaudet rencontre les étudiants en pharmacie », *in Forum*, vol. 38, N° 13, 24 novembre, p. 5.

Serres, Michel (2001), *Hominescence,* Paris, Le Pommier.

Serres, Michel (2008), *Le Mal Propre : polluer pour s'approprier ?,* Paris, Le Pommier.

Serres, Michel & Polacco, Michel (2015), *Du bonheur, aujourd'hui*, Paris, Le Pommier.

Tonnelat, Marie Antoinette (1980), « La science à la recherche d'une éthique », *in Science et humanisme en notre temps*, (dir.), Paris, Augustin Freud Moulidars, p. 30.

Wierner, Norbert (1948), *Science du contrôle et de la communication chez l'animal et la machine*, Paris, Hermann.

Notes biographiques des contributeurs

1. **Deuga Tcheugoue Wiliam** est titulaire d'une thèse de Doctorat Ph. D en Philosophie, option Ontologie et Métaphysique. Spécialiste de Paul Ricœur, il est enseignant-chercheur au Département de Philosophie et Psychologie à la Faculté des Arts, Lettres et Sciences humaines de l'université de Maroua (Cameroun). Ses préoccupations scientifiques portent sur l'imagination, l'éthique, la philosophie du langage et l'herméneutique, l'histoire de la philosophie, l'épistémologie, etc.

2. **Fogou Anatole** est titulaire d'une Habilitation à diriger des recherches (Hdr) de l'université de Lille 3 et enseigne la philosophie moderne et la philosophie morale et politique au Département de Philosophie de l'ENS da Maroua. Il s'intéresse aux questions de gouvernance en Afrique en lien avec les héritages de la colonisation et de la décolonisation, de justice globale et de justice ethnoculturelle, d'identités, d'éthique et de bioéthique en étant à la fois attentif à l'évolution des débats philosophiques sur ces différentes questions et à la manière dont elles servent (ou pourraient servir) à questionner les situations concrètes, en Afrique et ailleurs. Ancien boursier du programme **Fernand Braudel/*International Fellowship for Experienced Researchers* de la FMSH de Paris**, il a également participé au projet de coopération interuniversitaire sur *la contribution des savoirs locaux à la pensée éthique, juridique et politique contemporaine* (université du *Québec-à-Rimouski* et UCAC). Il a publié trois ouvrages en codirection et plusieurs articles dans des revues et

ouvrages collectifs tant au niveau national qu'international.

3. **Gankama Laurent** est enseignant-chercheur au Parcours-Type Philosophie et responsable du Parcours-Type Licence Philosophie à la Faculté des Lettres, Arts et Sciences Humaines de l'université *Marien Ngouabi* de Brazzaville au Congo. Membre du Laboratoire de Logique, Épistémologie et Histoire des sciences, il a publié de nombreux articles touchant les questions telles que la rationalité scientifique, la vérité, le langage, le défi éthique de l'environnement, les manipulations biotechnologiques, la culture internet, l'herméneutique de la psychanalyse, l'éthique de la discussion, etc.

4. **Kanon Gbomené Hilaire** est enseignant-chercheur à l'université *Alassane Ouattara* de Bouaké en Côte d'Ivoire. Après sa formation à l'École normale supérieure (ENS) d'Abidjan, il intègre en 2016 le Département de Philosophie. Sa thèse de Doctorat unique qui porte sur la question de la nature chez Max Horkheimer, l'amène à s'intéresser aux questions portant sur l'artificialisation de la nature, l'éthique environnementale et l'émancipation de l'individu. Il est auteur de plusieurs publications dont le dernier s'intitule : « La critique horkheimerienne du capitalisme : une perspective de libération de l'individu en Afrique » (*SOPHOS*, N° 4, février 2020, Éditions Cheikh Anta Diop, pp. 33-49).

5. **Nankeu Bernard Bienvenu** est Docteur Ph. D en études francophones. Il enseigne au Département de Langue et Littérature françaises de la Faculté des Arts, Lettres et Sciences humaines de l'université de Maroua, au Cameroun. Il s'intéresse aux questions d'érotisme, d'identité, de culture et de mentalités dans les littératures de langue française (y compris la France) ; domaines

dans lesquels il a déjà publié une quinzaine d'articles et est co-auteur de deux ouvrages collectifs.

6. **Tonyeme Bilakani** est enseignant-chercheur à l'université de Lomé, Docteur en Philosophie de ladite université et Docteur en Sciences de l'Éducation de l'université de Rouen. Il mène ses recherches au sein du Laboratoire d'Analyse des Mutations politico-juridiques, économiques et sociales (LAMPES) sur des thématiques relatives aux droits de l'homme, aux mutations politico-sociales en Afrique et à l'éducation. Il a publié de nombreux articles dont l'un des plus récents est : « Diversité ethnique et démocratie en Afrique : quelle gestion pour une justice sociale ? », *in* A. N. Goeh-Akue, K. Tchassim, I. B. Ballong (dir), 2020, *Démocratie, gouvernance locale, justice sociale : en Afrique et au-delà*, Paris, L'Harmattan, pp. 271-282

7. **Yogno Tabeko Williams Fulbert** est Docteur de l'Université de Yaoundé I et enseigne la philosophie au Département de Philosophie et Psychologie à la Faculté des Arts, Lettres et Sciences humaines de l'université de Maroua (Cameroun). Il s'intéresse aux questions éthiques liées à la crise environnementale et au développement des biotechnologies sous l'aspect de la catégorie de la responsabilité dont il emprunte les outils d'analyse à Hans Jonas, auteur sur lequel a porté sa thèse de Doctorat Ph. D. Auteur d'une dizaine d'articles ayant trait aux questions susmentionnées, il a publié un ouvrage collectif *De l'humain au transhumain. Réflexion sur le transhumanisme*, en collaboration avec Anatole Fogou (Paris, L'Harmattan, Coll. « Éclairages philosophiques d'Afrique », 2020).

Table des matières

www.ingramcontent.com/pod-product-compliance
Lightning Source LLC
LaVergne TN
LVHW050654051026
849532LV00002B/643
* 9 7 8 2 3 4 3 2 3 9 8 9 7 *